U0350879

本项目受国家自然科学基金委员会重大研究计划
"可信软件基础研究"资助

"可信软件基础研究"指导专家组

组　　长：何积丰
专　　家：方滨兴　孙家广　徐宗本　石　勇　王　戟　单志广
本书统稿：何积丰　单志广　王　戟　蒲戈光　刘　克　赵瑞珍　张兆田

总主编 杨 卫

可信软件基础研究

The Fundamental Research for
Trustworthy Software

可信软件基础研究项目组 编

ZHEJIANG UNIVERSITY PRESS
浙江大学出版社

"中国基础研究报告"
编辑委员会

主　编　杨　卫

副主编　高　文　　　高瑞平

委　员

韩　宇	王长锐	郑永和
郑仲文	冯　锋	周延泽
高体玙	朱蔚彤	孟庆国
陈拥军	杜生明	王岐东
黎　明	秦玉文	高自友
董尔丹	韩智勇	杨新泉
任胜利		

总　序

　　合抱之木生于毫末，九层之台起于垒土。基础研究是实现创新驱动发展的根本途径，其发展水平是衡量一个国家科学技术总体水平和综合国力的重要标志。步入新世纪以来，我国基础研究整体实力持续增强。在投入产出方面，全社会基础研究投入从 2001 年的 52.2 亿元增长到 2016 年的 822.9 亿元，增长了 14.8 倍，年均增幅 20.2%；同期，SCI 收录的中国科技论文从不足 4 万篇增加到 32.4 万篇，论文发表数量全球排名从第六位跃升至第二位。在产出质量方面，我国在 2016 年有 9 个学科的论文被引用次数跻身世界前两位，其中材料科学领域论文被引用次数排在世界首位；近两年，处于世界前 1% 的高被引国际论文数量和进入本学科前 1‰ 的国际热点论文数量双双位居世界排名第三位，其中国际热点论文占全球总量的 25.1%。在人才培养方面，2016 年我国共 175 人（内地 136 人）入选汤森路透集团全球"高被引科学家"名单，入选人数位列全球第四，成为亚洲国家中入选人数最多的国家。

　　与此同时，也必须清醒认识到，我国基础研究还面临着诸多挑战。一是基础研究投入与发达国家相比还有较大差距——在我国的科学研究与试验发展（R&D）经费中，用于基础研究的仅占 5% 左右，与发达国家 15%~20% 的投入占比相去甚远。二是源头创新动力不足，具有世界影响力的重大原创成果较少——大多数的科研项目都属于跟踪式、模仿式的研究，缺少真正开创性、引领性的研究工作。三是学科发展不均衡，部分学科同国际水平差距明显——我国各学科领域加权的影响力指数（FWCI值）在2016年刚达到0.94，仍低于1.0的世界平均值。

中国政府对基础研究高度重视，在"十三五"规划中，确立了科技创新在全面创新中的引领地位，提出了加强基础研究的战略部署。习近平总书记在2016年全国科技创新大会上提出建设世界科技强国的宏伟蓝图，并在2017年10月18日中国共产党第十九次全国代表大会上强调"要瞄准世界科技前沿，强化基础研究，实现前瞻性基础研究、引领性原创成果重大突破"。国家自然科学基金委员会作为我国支持基础研究的主渠道之一，经过30多年的探索，逐步建立了包括研究、人才、工具、融合四个系列的资助格局，着力推进基础前沿研究，促进科研人才成长，加强创新研究团队建设，加深区域合作交流，推动学科交叉融合。2016年，中国发表的科学论文近七成受到国家自然科学基金资助，全球发表的科学论文中每9篇就有1篇得到国家自然科学基金资助。进入新时代，面向建设世界科技强国的战略目标，国家自然科学基金委员会将着力加强前瞻部署，提升资助效率，力争到2050年，循序实现与主要创新型国家总量并行、贡献并行以至源头并行的战略目标。

"中国基础研究前沿"和"中国基础研究报告"两套丛书正是在这样的背景下应运而生的。这两套丛书以"科学、基础、前沿"为定位，以"共享基础研究创新成果，传播科学基金资助绩效，引领关键领域前沿突破"为宗旨，紧密围绕我国基础研究动态，把握科技前沿脉搏，以科学基金各类资助项目的研究成果为基础，选取优秀创新成果汇总整理后出版。其中"中国基础研究前沿"丛书主要展示基金资助项目产生的重要原创成果，体现科学前沿突破和前瞻引领；"中国基础研究报告"丛书主要展示重大资助项目结题报告的核心内容，体现对科学基金优先资助领域资助成果的系统梳理和战略展望。通过该系列丛书的出版，我们不仅期望能全面系统地展示基金资助项目的立项背景、科学意义、学科布局、前沿突破以及对后续研究工作的战略展望，更期望能够提炼创新思路，促进学科融合，引领相关学科研究领域的持续发展，推动原创发现。

积土成山，风雨兴焉；积水成渊，蛟龙生焉。希望"中国基础研究前沿"和"中国基础研究报告"两套丛书能够成为我国基础研究的"史书"记载，为今后的研究者提供丰富的科研素材和创新源泉，对推动我国基础研究发展和世界科技强国建设起到积极的促进作用。

第七届国家自然科学基金委员会党组书记、主任

中国科学院院士

2017 年 12 月于北京

前　言

软件作为信息技术的重要载体，已渗透到政治、经济、军事、文化及社会生活的各个层面。但随着软件规模越来越大，软件的开发、集成和持续演化变得越来越复杂。复杂性带来的软件缺陷问题往往会导致各类事故甚至是严重的灾难，因此，关于可信软件的研究已成为国民经济发展的迫切需求。

针对软件可信需求的基础研究，国家自然科学基金委员会于 2007 年开始实施"可信软件基础研究"重大研究计划。这是"十一五"期间启动的重大研究计划之一，由信息科学部牵头，会同数学物理科学部、管理科学部联合组织实施。本重大研究计划历时十年，共资助项目 107 项，其中培育项目 73 项、重点支持项目 24 项、集成项目 5 项，资助总经费达 1.9 亿元。

本重大研究计划采用国家自然科学基金资助管理体制与专家学术指导体制相结合的管理架构，设立计划管理工作组（负责对实施重大研究计划的总体审核、协调及组织评估）；设立研究计划管理办公室（挂靠华东师范大学，负责向公众及时公布研究计划的立项情况、研究进展及相关事宜，便于计划的具体实施与管理）。

"可信软件基础研究"重大研究计划聚焦四大类核心科学问题——软

件可信性度量与建模、可信软件的构造与验证、可信软件的演化与控制以及可信环境的构造与评估。本重大研究计划以嵌入式软件和网络应用软件可信性问题为主攻目标，以国家关键应用领域中软件可信性问题为突破口，建立可信软件基础研究的研究框架，研究成果揭示了软件可信性和环境可信性度量与演化的基本规律，构建了可信软件及其环境构造与验证、演化与控制的方法和关键技术体系，建立了可信软件开发工具和运行支撑平台。

本重大研究计划在实施过程中，产生了大量研究成果。为了能够更好地推广这些研究成果，项目组总结了"可信软件基础研究"重大研究计划实施以来所取得的重大研究成果，包括基础理论、关键技术和关键领域应用的实施成果，编写了本书并收录到"中国基础研究报告"丛书。希望本书能够为我国从事可信软件基础研究的科研工作者以及从事安全攸关领域的技术研发者提供参考，进一步推动可信软件的发展。

最后，感谢国家自然科学基金委员会对"可信软件基础研究"重大研究计划的大力支持，感谢信息科学部、数学物理科学部和管理科学部的联合组织实施，感谢项目指导专家组所有同仁的努力，更要感谢研发任务的承担者和实施者为本重大研究计划圆满完成及实施做出的巨大贡献。

"可信软件基础研究"重大研究计划指导专家组组长

中国科学院院士

2018 年 12 月于上海

目 录

第3章

重大研究成果 37

第4章

展　望 67

参考文献 75

成果附录 83

索 引 93

第 1 章　项目概况

1.1　项目介绍

随着现代信息技术创新及其广泛应用，软件已经成为现代计算机系统的灵魂，成为国家信息化建设的核心，成为当代社会生产力发展和人类文明进步的强大动力，在国民经济、社会发展和国防建设中发挥着举足轻重的作用。

现代信息社会对计算机系统的依赖，很大程度上体现为对软件的依赖，而计算机系统很大一部分缺陷都是软件问题导致的。随着软件的应用需求越来越多，复杂度越来越高，可用性要求越来越强，软件系统也越来越庞大和脆弱，而且并不总是值得信任的。很多时候它会不以人们所期望的方式工作，发生各种故障和失效，从而直接或间接地对用户造成巨大损害。这类问题被称为"软件可信性"问题。

"可信"是在传统的"安全""可靠"等概念基础上发展起来的一个相对较新的学术概念。一般认为，所谓"可信"，是指一个实体在实现给定目标时，其行为及其结果是可以预期的。它强调目标与实现相符以及行为与结果的可预测性和可控制性。所谓"可信软件"，是指软件系统的运行行为及其结果总是符合人们的预期，并且在受到干扰时仍能提供连续的服务。

国际上由软件可信性问题导致的重大灾难、事故和严重损失屡见不鲜：1996 年 6 月 4 日，在欧洲阿丽亚娜 5 型火箭的首次发射过程中，惯性参考系统软件的数据转换错误导致软件失效，使得火箭在发射 40 秒后爆炸，造成 25 亿美元的经济损失；2005 年 11 月 1 日，日本东京证券交易所因软件升级出现系统故障，股市严重停摆；2017 年 5 月 12 日，WannaCry 勒索病毒在全球蔓延，渗透了至少 150 个国家的 20 万台电脑。软件可信性问题已经成为一个相当普遍的问题。在 Google 上可以搜索到的与软件错误相关的网页就有 100 多万个。软件故障和失效所带来的影响也愈来愈大。据美国国家标准与技术研究院（National Institute of Standards and Technology，NIST）估计，美国软件失效所造成的年度经济损失约占其 GDP 的 0.6%。由此可见，如何高效地开发可信软件系统，已经成为软件研究领域必须面对的核心问题和重要挑战。

可信软件已成为现代软件技术发展与应用的重要趋势和必然选择。一方面，软件的规模越来越大，软件的开发、集成和持续演化越来越复杂，而目前的可信软件构造与运行技术和软件可信性度量与评测工作严重缺乏，使得软件产品在推出时就含有很多已知或未知的缺陷，对软件系统的安全可靠运行构成了严重威胁。另一方面，软件的运行环境和开发环境已经从传统的封闭静态环境拓展为开放、动态、多变的互联网环境，网络交互、共享、协同等带来了很多不可信因素，网络上对信息的滥用和恶意篡改使得可信问题日益突出。在互联网环境下，计算实体的行为具有不可控性和不确定性，这既对传统的软件开发方法和技术提出了严峻的挑战，也对软件运行时的可信保障提出了苛刻的要求。

国家自然科学基金委员会在广泛听取各界专家意见和反复深入研讨的基础上，由信息科学部、数学物理科学部和管理科学部联合组织，于 2007 年启动了"可信软件基础研究"重大研究计划（以下简称本重大研究计划）。这是我国软件基础研究领域的一件大事。本重大研究计划对应对软件发展的重要科学挑战，推动我国软件基础理论的探索与创新，促进国家软件产业及相关应用领域的发展，具有非常重大的意义。本重大研究计划共资助项目 107 项，其中培育项目 73 项、重点支持项目 24 项、集成项目 5 项，资助总经费达 1.9 亿元，全部资助项目已于 2017 年底顺利结题。

1.1.1　总体科学目标

本重大研究计划以国家关键应用领域中软件可信性问题为主攻方向，总体科学目标如下：

①采用理论研究和实证研究相结合的方法，揭示软件可信和环境可信失效、度量和演化的基本规律，建立可信软件及其环境构造与验证、演化与控制的方法和关键技术体系，研究可信软件开发工具和运行支撑平台及环境；

②在典型的嵌入式软件和网络应用软件中进行验证和示范，促进软件从传统的单一度量理论到综合性的可信度量理论及其构造方法的集成升华，提高我国在可信软件领域的原始创新能力和国际影响力，为国家相关重大计划和工程的可信软件研发提供科学支撑；

③在可信软件领域集聚和培养一批站在国际前沿、具有理论和源头技术创新能力的高水平研究人才队伍，促进我国软件产业的崛起和发展。

1.1.2　核心科学问题

本重大研究计划的核心科学问题包括以下四大类。

（1）软件可信性度量与建模

传统的软件理论是围绕程序正确性建立的，其正确性的刻画以定性方法为主，并且是以静态确定性的表达给出的。对于可信软件，需要考查正确性、可靠性、安全性等诸多属性的综合度量空间，形成对软件可信性的科学理解，从管理科学的角度，以定量的方式建立可信性建模的系统方法论，以及适应环境依存稳定性条件下的可信度动态演化特征。因此，必须从如何认知软件可信性的角度建立新的软件系统方法论，从如何表述软件可信性的角度建立可信需求的建模、规约和分析方法，从如何把握软件可信性的角度揭示软件可信性演化的基本规律，从而解决如何建立软件系统可信度量标准以及如何在其工作环境中进行评估的问题，对软件系统的可信性进行分级，并提供量化指标。

软件可信性度量与建模研究需要解决的基础科学理论问题及研究要点包括以下几方面。

①软件可信性度量系统。研究软件缺陷与可信性的内在联系、软件缺陷预测和缺陷分布规律；研究多维可信属性的多尺度量化指标系统、度量和评估机制以及测评体系；研究可信属性之间的交互关系及其涌现特征，包括多属性/综合属性的局部/全局相容与失配等；建立可信软件度量的技术标准或管理标准方案。

②软件可信性的演化与预测。研究软件可信性相关数据的收集、分析和知识挖掘方法；研究软件在环境和自身演化下可信性的演化规律以及软件在线演化的基础理论；研究基于软件行为的软件可信性增长和面向威胁的在线评估与预测理论。

③可信软件的风险及过程管理。研究可信软件生命周期的风险识别、评估、管理和控制模式及方法；研究可信软件过程的属性和度量框架以及相应的量化控制和度量评估方法；研究适应分布性、敏捷性和过程资产复用性等需求的可信软件过程建模、定制、仿真和优化方法；研究可信软件的人—信息系统交互作用及优化机理。

（2）可信软件的构造与验证

传统的软件理论在软件构造与验证时注重在封闭环境下追求不可演化的绝对正确和效率优先。对于可信软件，必须适应开放环境下物理世界中的计算规律，从追求软件绝对正确和效率优先的软件方法学变为力求保证在可演化的环境下满足可信需求的软件方法学。因此，如何进行可信性算法设计和软件设计、如何消解多属性引起的可信性冲突、如何进行可信性保证成为解决可信软件开发问题的关键。

可信软件的构造与验证研究需要解决的基础科学理论问题及研究要点包括以下几方面。

①可信软件的程序理论与方法学。研究软件行为可信特征空间的概念模型及形式化体系，包括程序的近似和渐近正确性理论，以及刻画软件的近似可信性与演化可信性理论；针对可信软件形态的多样性、动态性和协同性，特别是数据与控制同时动态变化的新特征，研究网络环境下的可信软件系统形式化模型；研究软件系统集成的基础理论以及对可信性影响的推理基础；从风险和病态角度，研究可信约束下的软件病态特征提取技术、软件病态及环境间的关系，以及相应的预测理论与控制方法；建立可信软件全周期开发方法学。

②可信软件的需求工程。研究面向可信性的需求分析方法；研究基于社会的可信模型的需求工程方法；研究风险分析和可信性分析技术；研究软件可信性的性质获取与形式规约；研究多维异质非功能需求的冲突消解与完整性表述方式；探索基于领域知识的可信性分析方法和理论。

③可信软件设计、构造与编译。研究可信软件设计的系统化科学体系，包括基于构件的、面向服务的和基于面向方面技术的可信软件的构造方法和代码生成技术；研究支持软件自演化的可信软件体系结构；研究可信程序设计的基础要素和语言设计，以及可信编译技术；研究算法可信性度量

和可信算法设计的数学基础，针对典型科学计算问题，研究误差可控计算的基础算法等。

④可信软件的验证与测试。研究复杂环境下嵌入式软件和开放环境中网络软件的形式建模与分析技术，以及可信软件的模型自动抽取技术；研究多层次可信软件可扩展形式验证方法和错误定位方法；研究面向可信性的测试策略和基于控制理论的自适应测试方法；研究基于模型和规约的可信软件测试技术；研究可信软件验证与测试的集成方法，以及基于测试和验证数据的可信性评估与预测方法。

（3）可信软件的演化与控制

传统的软件理论仅从静态的角度认识软件部署后的变化，对于软件维护往往是事后被动响应；而开放环境下软件的演化是软件面向可生存性需求的重要特征。对于可信软件，需要从事后维护向事前设计、主动监控变化，形成与软件动态演化中的可信性相适应的控制方法。因此，如何认识环境的演化和软件自身的演化、如何动态获取可信性和控制可信性的变化、如何构建可信的运行平台是解决可信软件在开放动态环境中可信运行问题的关键。

可信软件的演化与控制研究需要解决的基础科学理论问题及研究要点包括以下几方面。

①可信软件运行监控机理。研究软件运行时环境变化和软件变化对可信性的影响；研究复杂开放环境下基于运行监控的可信软件模型和体系结构；研究面向可信软件演化特性的软件运行监控与保障机制。

②软件可信性动态控制方法。研究软件运行时的行为监控与可信性监测、诊断、恢复方法，以及基于虚拟化环境的软件系统故障范围控制和快速恢复方法与机制，包括基于动态控制更改的可信软件运行的自主管理机制和代码维护关键技术、多维度监控的关注点分离技术，以及基

于运行监控的可信性动态评估机制；研究网络计算环境的高可信支撑软件技术。

（4）可信环境的构造与评估

软件可信性离不开环境的支撑，环境可信是可信软件的重要方面。目前，可信环境的基础理论研究滞后于可信计算技术的研究，需要探求在网络环境下构建一个相对可信的计算环境的理论和方法。因此，如何正确认识可信环境体系结构的形态、如何建立信任链并且传递和管理信任关系、如何构造可信的安全多方计算环境、如何评价计算环境的可信程度成为必须面对的问题。

①可信环境的数学理论与信任链传递理论。研究支持可信计算的数学模型、形式化模型，构建可信计算的理论体系；研究可信网络计算的形式化模型，形成完整性保护的理论体系；研究信任链的建立与信任的传递机制，重点研究支持信任链建立与传递的无干扰模型。

②可信计算环境构造机理及方法。研究基于可信硬件层灵活扩展信任边界的体系结构，可信计算平台的完整性收集、度量、验证的体系结构，以及网络连接与认证的体系结构；研究可信计算与虚拟技术结合的新型可信虚拟平台架构，重点探索基于可信平台模块的虚拟平台安全体系结构以及可信平台模块的虚拟化技术；研究可信的安全多方计算环境的构造方法。

③可信计算环境测评。研究适用于可信计算平台的安全评估模型；研究可信平台模块协议检测方法，包括可信计算平台安全功能测试、标准符合性测试、穿透性测试等技术，从而为认证、授权和平台证明协议的正确性、安全性及性能的验证提供支持。

1.2 项目布局

1.2.1 项目部署

本重大研究计划的实施遵循"有限目标、稳定支持，集成升华、跨越发展"的总体思路，围绕软件可信性度量与建模、可信软件的构造与验证、可信软件的演化与控制以及可信环境的构造与评估四大核心科学问题，对相关重点资助领域和方向进行项目部署。指导专家组对四个核心科学问题的难点和要点进行了深入分析和分解，确定优先研究的科学问题，选择的原则包括：优先支持对于核心科学问题具有创新思路的研究；优先支持基础较好，条件较为成熟，近期可望取得突破性进展的研究；优先选择对实现本重大研究计划总体目标起决定作用的研究方向开展跨学科集成研究。

本重大研究计划前期立项工作主要集中在前三年，根据申请项目的创新思想、研究价值以及对总体目标的贡献，以培育项目、重点支持项目和集成项目的形式予以资助。中期后选择对实现总体目标起决定作用的研究方向予以资助，在前期培育项目和重点支持项目成果的基础上，重点开展集成创新研究，采取集成项目与重点支持项目相结合的形式，以较大支持力度予以资助。在本重大研究计划的后两年，重点进行项目和成果的集成升华。

本重大研究计划在实施过程中按时间段设立阶段性目标，在不同阶段设立不同的工作重点。各阶段的工作重点内容如下。

（1）2008—2011 年，基本建立以可信性为核心的软件理论体系。

①分别从环境、软件体系结构和程序缺陷等角度研究软件可信多维建模、度量评价和管理基础，建立柔性程序理论、软件可信性多维多尺度度量系统理论、可信环境的基础理论，以及统一框架下的软件可信性指标、

演化规律与监控理论。

②提出算法的可信性度量与可信算法设计的数学基础，发展无误差计算、容错计算与误差可控计算设计理论，探索开放、动态、多变环境下的新型计算模型与计算方法，建立并形成可信软件设计的基本原理。

③建立可信性需求驱动的软件构造、验证和测试理论，解决主要可信属性在软件需求和构造中失配与冲突的发现及消解问题。

④建立可信软件与演化的生命周期理论，以及可信软件的人—机关系理论。

（2）2008—2012年，基本建立可信软件开发和运行保障关键技术体系。

①构建可信软件研究基本试验环境，提出可信软件的复杂性数据和工程数据的收集与分析技术体系。建立软件可信性在生命周期各环节的评估与预测方法。

②建立可信软件的过程建模与管理的方法和技术，形成支持软件生命全周期的可信软件开发关键技术体系，包括需求工程、设计、语言与编译、验证、测试等技术，以及软件可信性的风险管理指标系统，支持可信性的获取、设计、编码和验证确认。

③建立可信软件运行监控与可信性主动保障技术体系，支持可信性动态演化的监测和控制机理以及可信性的主动保障等技术。

④建立可信计算环境的体系结构、可信虚拟机技术、可信多方安全协作环境构造技术和可信计算环境的测评技术。

（3）2010—2013年，完成面向嵌入式软件系统和网络应用软件系统的试验环境，集成可信软件工具环境并在试验环境进行示范。

①以航空航天领域嵌入式软件系统为目标，建立高可信软件综合试验环境，并开展典型应用，突破万行代码规模的高可信软件核心模块的构建

与运行保障。

②以金融和政务领域网络应用软件系统为目标，建立可信网络软件综合试验环境，并开展典型电子交易等应用，突破百万行代码规模可信网络应用软件及环境的构建与运行保障。

1.2.2 综合集成

本重大研究计划高度重视研究成果的综合集成工作，部署了"可信软件理论、方法集成与综合实验平台"集成项目，以此作为关键切入点和重要落脚点。该集成项目由南京大学牵头研究，整合了本重大研究计划内相关集成、重点支持和培育项目的优势研究队伍及前期研究成果，针对可信软件度量与建模、构造与验证、演化与控制等科学问题，以综合集成与创造提升为手段，从基础理论体系、方法与平台架构、典型应用示范等三方面对软件可信性进行了深入研究，取得了系统性与创新性研究成果，有效推动了技术方法的标准固化、学术团队的互动融合以及研究成果的集成升华。综合集成工作主要包括如下几项。

（1）可信软件理论与方法的元级化综合集成

从解决可信软件度量与建模、构造与验证、演化与控制等科学问题出发，将这三个科学问题解读为可信度量、可信评估、可信提升，从可信软件理论的角度，形成一套集成化可信软件理论与方法的元级化综合集成框架 Meta-T，包括软件可信性基本内涵、基本特征和基本机理。

从传统封闭、静态环节下发展起来的以正确性为核心的软件基本理论、方法、技术和机制，已经不足以评价开放、动态、网络化、多变环境中的软件的可信性。事实上，可信软件的主体是人，客体是软件系统和软件系统的行为与结果，而软件可信性的基本内涵就是主体与客体之间的信任关系，这种信任关系的建立是一个动态演变的过程。在特定场景下，主体在采用某种手段收集到的关于客体及相关过程的主/客观证据的基础上，加深对客体的认识与理解，通过一定的判定机理，给出主/客观合理判断。基于上述认识，软件可信性具有典型的相对性、过程性、约束性、演化性等基本特征。相对性是指可信判断不是简单回答是/不是，而是根据上下文价值观，基于证据与判定机理进行合理判断；过程性是指可信程度的提高是一个增量式过程，它取决于对客体及相关过程的关键环节进行识别、检测与控制；约束性是指可信保障是一种投入产出的平衡与优化的过程，可信度提升需要多方面的资源投入与固化；演化性是指可信过程是一个随生存时间积累与应用空间扩大而不断解决核心问题的过程。

本重大研究计划定义了软件可信性的基本机理，包括驾驭机理、核控机理、加框机理、评判机理和演化机理。可信软件的驾驭机理是从正确性理论看 Meta-T，将正确性框架中固化的可信性要素提炼出来，发现其背后的基本原理与机理，应用到应用场景计算机中，体现主体对客体的全面驾驭、互相融合的过程；核控机理是未来可信演化的基本出发点，从与场景互动的角度，围绕掌控软件系统本身的核心部分以及应用场景价值观下的核心关注点等两个关键部分，对客体模型实现可信的评估；加框机理是在客体模型上找出当前软件不可信的问题所在，以便采取相应的解决问题的手段；评判机理是根据评估过程中主体对客体通过各种手段收集的主客观可信证据，依据可信需求的满足程序、证据的完备程度以及相应的投入成本，进行合理判断；演化机理明确了可信评估是相对的、交互的，软件的可信性是随着软件的不断演化、环境的不断变化、用户可信需求的不断变化而变化的。

在此基础上形成的软件可信性的综合集成框架 Meta-T，从主体和客体两个方面开展可信性分析和评估。从主体方面，依据期望的可信目标和可信投入，基于可信机理，通过"选点→加框→证据→判定→评估→演化"

的过程，完成可信评估；从客体方面，基于应用场景分析，在客体模型上分析可信问题，决定采取的措施，根据获得的证据实现软件演化过程中的可信提升判定，可信保障过程就演变为"场景分析＋客体建模＋问题标识＋可信加框＋证据收集＋可信度量＋可信评估＋可信提升"的循环迭代过程。

结合综合集成框架 Meta-T 在具体领域的应用，可以根据主体的可信需求、客体及其应用场景，分为形式化模式、经验化模式、工程化模式、混合式模式等多种实施方式。可从多维度建立层次关系，根据可信的分级需求及可投入的资源，为客体局部可信提升提供指导，同时建立可信提升所需资源的投入与稳定时段实施情况的评估度量。综合集成框架 Meta-T 在应用领域的探索主要包括：在模式化架构中进行探索，主要是可信软件过程体系的建立；在具体企业架构中进行探索，包括航天嵌入式系统、网络化税务软件、网络化交易系统、列车控制系统、操作系统等。

（2）代码级可信保障工具综合集成

以代码可信为切入点，针对嵌入式系统的源代码，研究代码级可信保障工具基准测试套件与集成方法。具体内容包括以下几点。

①基于基准测试的代码级可信保障工具评价方法。提出了一种基于基准测试的评价方法，初步构造了一个基准测试集数据库，实现了一个基本的静态分析工具基准测试套件，并对四个静态分析工具进行了测评试验。针对并发程序分析工具的评价和嵌入式程序数值性质分析工具的评价，对测试套件进行了扩充，并进行了评价试验。从 SAMATE 和 SV-COMP 等网站收集整理了 86 个具有代表性的并发程序测试用例，丰富了构建的基准测试集数据库。并且，对两个并发程序分析工具 Thread 和 ESBMC 进行了测试评价，包括开发它们的输出结果标准化工具（用于在测试套件中对这两个工具进行自动测试），并且对上述工具的能力、优缺点进行了归纳总结。针对嵌入式程序数值性质分析工具进行评价，也对测试套件进行了扩充，

并进行了评价试验。首先从韩国首尔大学实时研究组的 SNU-RT 测试程序中集中选取了 17 个典型的嵌入式程序，加入基准测试集，然后基于这些测试用例，对三个程序数值性质分析工具（PolySpace、Frama-C 和 CAI）进行测试评价，并给出了工具分析能力的对比结果。

②代码级可信保障技术的可配置集成方法。提出了一种抽象解释技术与 SMT 技术的集成方法，可以提高程序全局分析的精度。首先，根据块划分策略，把整个程序划分为一个个程序块；然后，程序块的迁移语义采用 SMT 公式来精确编码，块间信息的传递使用抽象域表示；在出程序块时，把 SMT 公式抽象为抽象域表示；在循环头，采用抽象域上的加宽操作，保证分析的终止性。本重大研究计划在软件验证基准测试程序集 SV-COMP 上开展了实验，单个程序最大代码规模超过千行。通过实验验证了块级抽象解释分析方法的有效性：对于所选基准测试集，采用这种集成方法能比语句抽象解释方法多证明一倍以上的性质。本成果发表在 VMCAI 2017 国际学术会议上。

③基于输出整合的代码级可信保障工具集成框架。针对多个代码级可信保障工具的集成问题，开发了一个软件安全性分析平台（software security analysis platform，SSAP），其中集成了一些程序分析工具，支持对软件编程规范、运行时错误（如数组越界、内存泄漏、空指针解引用、除零等）的检查。该平台采用 B/S 系统架构，各程序分析工具的输出数据被集成到数据库中，用户通过客户端提交分析请求和查看综合的分析结果。该平台已经得到实际应用。

1.2.3　学科交叉情况

本重大研究计划在学科布局和研究内容方法等方面都很好地体现了多学科的交叉、融合与集成。

（1）学科布局的学科交叉

在学科布局方面，本重大研究计划的内容涵盖了信息科学、数学物理科学、管理科学等学科领域。在项目立项部署方面，有交叉背景的项目获得了鼓励和支持。在 107 个获得支持的项目中，有 8 个项目为信息科学与其他科学交叉项目（5 个信息科学与管理科学交叉项目，3 个信息科学与数学物理科学交叉项目）。

（2）研究内容和方法的学科交叉

在研究方面，误差可控的软件与算法设计体现了在可信软件构造与验证中信息科学与数学物理科学的交叉。"高性能科学计算应用软件的可信构造方法及基础算法研究"项目基于 JASMIN 框架 2.0 版及新研制的可信软件模块，集成可信的基础数值并行算法，发展了激光聚变二维辐射流体力学总体 LARED-H 程序。运用该程序实现了美国国家点火装置基准靶的全过程数值模拟。通过与美国模拟结果的对比，验证了该程序具有一定的可信度。

重点支持项目"基于计算机代数的嵌入式软件分析与验证方法及工具"是信息科学与数学物理科学交叉的突出代表。该项目探索了程序验证的第三种途径——符号计算新途径。它应用计算机代数方法和工具，进一步加深了对程序验证的不变量生成、程序终止性分析以及实时和混成系统验证方面的理论研究，取得了一些重要进展和阶段性成果：研究了如何将嵌入式软件分析和验证中的问题归结成数学问题，并应用计算机代数方法求解这些问题，建立了若干新的嵌入式软件分析验证方法；开发了一个工具原型，能调用 DISCOVERER 做基于半代数系统求解的验证工作，也能调用基于逻辑的证明器 Isabelle。该项目一个突出特点是它所基于的数学工具和形式化工具是由中国学者原创的。重点支持项目"面向 C4KISR 重大应用领域软件可信性需求分析方法与攻击性实验验证环境研究"提出了一个基于因素空间理论的 C4KISR 系统软件可信性结构模型，建立了 C4KISR 系统软件可信性因素空间理论。

信息科学与管理科学交叉对软件可信性度量与建模体系的建立、可信软件过程管理发挥了重要的作用。"可信软件过程管理及风险控制模型和方法研究"项目研究了可信过程的基本属性和度量体系，建立了支持可信属性实现和风险模型，提出了可信软件过程域和支持可信过程能力评价的软件过程可信度模型，形成了风险驱动的可信软件过程模型框架。主要成果包括：①建立了覆盖软件生命周期的过程数据模型，采集了软件过程中影响可信性的过程和产品数据；②根据软件过程可信度模型，建立了合理的、符合软件组织商业目标和领域产品特征的可信软件过程；③提出了基于过程的证据模型和基于证据的可信性评估方法；④提出了缺陷报告和代码变更之间缺失关联关系的自动化修复方法以及基于模糊关联规则挖掘降低系统性偏差的缺陷修复时间预测方法；⑤支持软件组织在项目环境下动态拼装和组建贯穿软件生命周期的、风险度可信的、有数据支持的可信软件过程管理及风险管理模型，提出了证据驱动的可信软件过程管理方法；⑥能够评估软件组织的软件过程可信能力。

在许多项目的研究方法和途径上，运用网络科学、人工智能（机器学习）方法和手段开展研究，这也体现了不同学科方法间的交叉。复杂网络在软件可信性的研究中展示了其生命力。例如，基于函数调用应用程序编程接口（application programming interface，API）的软件网络方法，发现基于调用 API 的软件网络满足无尺度网路的特性，其节点和边的属性可以表征软件特征，有助于划定计算机病毒与正常软件的分割线。

1.3　取得的重大进展

经过十年的实施，本重大研究计划以国家关键应用领域中软件可信性问题为主攻目标，针对软件可信性度量与建模、可信软件的构造与验证、可信软件的演化与控制以及可信环境的构造与评估四个方面的基本科学问题和关键技术开展了深入研究，达到了预定的科学目标，取得了一批重要成果和进展，并在嵌入式软件和网络应用软件中完成了示范应用。本重大研究计划在基础理论研究方面实现了跨越式发展，在关键技术平台方面实现了创新性突破，其重大示范应用有力支撑国家战略，推动了我国可信软件从小到大、从散到整、由弱到强的跨越式发展，形成了完整的可信软件体系，进入了该研究领域的国际先进行列。本重大研究计划凝聚培养了一支高水平的可信软件人才队伍，提高了我国在可信软件领域的基础创新能力和国际影响力，为国家重大工程的可信软件研发提供了有力的科学支撑，在航空航天、智慧城市、金融税务等国家级应用系统中发挥了重要作用。

本重大研究计划具体在以下六个方面取得了较大的进展。

（1）从传统正确性向开放、动态、多变环境下的软件可信性转变，提出了可信软件理论与方法的元级框架。

本重大研究计划定义了软件可信性的基本理论，包括驾驭机理、核控机理、加框机理、评判机理和演化机理，提出了软件可信性的综合集成框架 Meta-T，从主体和客体两个方面开展可信性分析和评估。

Meta-T 是本重大研究计划实施的重要成果，它比美国国家科学院的 3E 框架更为系统，可操作性更强，为可信性需求的多侧面协调、可信软件的设计与运维架构提供了指导。国际上尚无此类理论框架。

（2）从分散的可信侧面度量向系统化度量转变，形成了软件过程和制品的可信性度量体系。

本重大研究计划基于不同角度，系统地梳理了对可信性的认识，考查了使用不同方法、手段对可信性进行度量和评估的经验与不足，提出了软件过程可信度模型系统，覆盖了软件过程与制品可信证据指标体系，其中过程指标 133 个（对应 44 个过程可信原则），制品指标 108 个（对应制品可信原则）。

本重大研究计划提出了支持软件过程可信评估的元模型，对过程证据、可信原则、可信过程进行了元级建模。证据是指软件开发活动所留下的数据，经过度量分析，度量结果表明相关行为或制品达到的可信程度。可信原则由一组其所关心的活动产生的证据支持。软件过程的可信度由一组可信原则支持，该可信度遵循木桶原则，即只要有一个可信原则未达到要求的可信级别，则整个过程就未达到要求的可信级别。基于该模型，在软件开发过程中采集相应的数据，并进行度量，即可获得需要的证据，并进一步对软件过程的行为和制品的可信性进行评估。该模型提出了基于该元模型的、证据驱动信任链传递的软件过程可信评估方法。

该评估体系已应用于八个实际的软件开发项目，已进行了分析和验证。软件过程可信度模型已经提交国家标准化管理委员会立项，是国内首个软件可信方面的标准。这方面的研究处于与国际水平并跑的位置。

（3）从原型工具向集成实用化平台转变，建立了面向领域可实际应用的软件可信性构造和验证的方法与工具环境。

针对十年前国内关于可信软件的构造与验证尚处于起步阶段，没有集成建模、测试、分析和验证等工具进行综合可信保障的平台的问题，本重大研究计划面向嵌入式和网络化若干关键应用领域，着力使我国的可信软件构造、验证方法和综合保障工具环境有显著的跨越。

本重大研究计划建立了覆盖软件研制全过程、以可信要素为核心的航天嵌入式软件可信保障技术体系，研制了相应的可信保障集成环境，为系统解决航天嵌入式软件可信性问题提供了一套系统、全面的解决方案。同时，针对航天嵌入式软件的控制行为正确性、时序正确性、程序实现正确性等保障问题，提供了一系列构造和验证的方法与工具，能够有效提升软件质量和研制工作效率。相关工具环境已开始在探月工程、高分专项等国家重大工程控制软件的研制中发挥作用。在网络化应用领域，本重大研究计划突破了网络化服务软件的构造、测试、验证等技术和工具，在虚拟计算环境的构建、开放分布式系统的可信机理与持续服务保障技术方面取得重要进展。形成了基于车联网实际应用系统的综合实验验证平台，为进一步研究互联网软件的可信问题提供了实证载体。

在大型软件的形式化验证方面，国际上操作系统的验证对象是正在开发的实验操作系统（即使用边开发边验证的技术路线）。本重大研究计划在国际上开展了实用开源操作系统 uC/OS-II 内核代码的形式化验证。提出了一个支持 uC/OS-II 操作系统内核中的多优先级中断模型和抢占式实时调度策略的 C 程序精化验证程序逻辑，并已在 Coq 中实现。用于验证的代码包括约 5 万行 Coq 代码，其中数学模型定义约 5000 行，定理和证明约45000 行。

（4）从静态补丁式可信性演化向模型驱动监控体系结构的转变，提出了可信软件监控与演化的一体设计体系。

传统软件工程领域对软件监控和演化技术的研究往往以环境静态封闭为前提，认为软件监控和演化是对软件行为进行探查的独立活动。软件演化往往针对构件失效、软件故障等软件本身问题，并未系统化地考虑复杂开放环境下的"容变"问题及其对可信性的影响。

本重大研究计划紧密结合我国关键领域大型分布式软件系统的建设实践，率先提出了通过监控和演化在运行时保证其可信性的思路，形成了完整的"模型指导、行为监控、分析诊断、动态演化"可信保证技术体系。国际上的研究主要关注平台层公共指标监控和预设的演化操作，而本重大研究计划的研究成果重点突破了上层应用运行时可信保证所需的关键技术，已经在多个实际系统中得到应用，取得了显著的社会效益和经济效益。

在面向可信的系统脆弱域辨识方面，在本重大研究计划资助下，我国的工作与国际同步，在电子交易支付系统的形式化建模、脆弱域分析、模型切片等方面具有优势和特色。第三方检测机构测试表明，我国学者的方法行为一致性误差小于 1%。

（5）从部分环节可信计算向全栈化可信计算转变，建立了标准化科学化的可信计算环境构造与评估体系。

本重大研究计划从可信计算协议、可信计算安全芯片 API 等角度对可信计算核心规范和可信计算安全机制进行了全面分析，提出了面向实际可信计算产品的测评方法；研制了可实现标准符合性与安全性以及特性检测的测评工具和系统，形成了可信密码模块符合性检测密码行业标准。该系统已被推广应用于国内权威测评机构，完成了主流安全芯片 / 主机产品的评测，这些成果已经成为实施产品检测、规范行业发展的重要科学依据。包括可信移动设备流密码算法实时性攻击、基于格理论的认证密钥协商算法、可信计算设备资源受限情况下的高效 MAC 算法等在内的研究成果已经达到国际领先水平。

在可信计算环境的评估方面，国内研究机构的研究工作基本覆盖了可信平台模块（trusted platform module，TPM）和国产可信密码模块（trusted cryptography module，TCM）安全芯片的所有功能和大部分可信计算协议，能够对可信计算技术框架进行全面的安全性评估，领先于国际水平。

对国际可信计算标准规范 TPM 2.0 进行了严格的形式化分析，发现部分 TPM 2.0 接口存在安全隐患，并将这些隐患以及修改意见反馈给 TCG、ISO/IEC 等相关国际标准组织。相关建议已被最新标准采纳，对国际标准的发展发挥了一定的促进作用。

（6）可信软件技术从小规模试验向实际应用跨越，在若干领域的规模化应用和效益处于国际先进水平。

本重大研究计划的实施填补了航空航天、电子税务、安全保密、金融、网络服务、科学工程计算等领域重大工程和国家级应用工程中可信软件系统化保障的空白，产生了显著效益，使得我国部分指标处于国际领先水平。

在航空航天领域，结合开发过程、软件产品、可信要素、工具使用等多维属性的可信性分级度量模型和评估方法，形成了《航天器型号软件验收评分标准》，支持了型号软件出厂专项评审从定性验收向量化分级验收的转化。首次建立了覆盖软件研制全周期、以可信要素为核心的航天嵌入式软件可信保障技术体系以及相应的可信保障集成环境，在"嫦娥工程"等重大工程软件的可信性保障中发挥了重要作用。

在电子税务领域，提出了"软件调用网络"（calling network，CN）概念和模型，以及基于 CN 的软件可信度量与行为监控方法，突破了以往只能基于电子税务软件程序代码的可信性评估，实现了对纳税人身份、纳税行为、系统能力等的可信性综合分析与量化计算方法，研制出"电子税务可信监控""CN 构建与软件合理性评测"等工具，应用于网络电子报税、个税管理等的软件开发、测试和维护。

在安全保密领域，本重大研究计划所研制的可信计算测评系统已部署应用于国家级、省级和国家重要行业的多个信息安全检测中心，包括国家密码管理局商业密码检测中心、北京市信息安全测评中心以及北京华电卓识信息安全测评技术中心。该测评系统协助各个信息安全检测中心迅速建立了可信计算产品检测平台并形成了相应的检测能力，解决了信息安全产业界对可信计算产品检测需求迫切与检测中心检测能力不足的矛盾。

在金融领域，建立的网络交易风险防控平台系统提供了可信交易检测、非可信交易检测、风险交易检测以及正常交易检测等功能。在性能方面，可信平台的交易直接放行率超过 96%；案件识别系统进行交易风险识别的平均响应时间为 65ms。数据显示，美国排名第一的国际著名支付平台贝宝（PayPal）目前的资金损失率是 2.93‰，而本重大研究计划建立的网络风险防控平台系统运用到实践中后，资金损失率仅为 0.009‰。

在车联网服务领域，搭建了面向车联网的信息服务平台与大数据云服务平台。该平台已实现实车接入超过 70000 辆，是世界上规模最大的实车实时数据处理平台系统之一。在实验环境中，将车辆作为客户端，通过车载设备对车内控制器局域网（controller area network，CAN）总线网络、车载设备的移动通信网络以及互联网的跨网络可信数据进行采集、传递和融合，实现了"端—网—云"架构的车联网示范应用。项目成果已应用于交通运输部重点营运车辆监管系统，北京市、重庆市等地方交通管理机关实时交通业务系统，神州专车等新型交通运输企业移动网联网平台。

在互联网服务领域，大型分布式软件系统状态分析诊断和动态可信演化技术已经在阿里云等实际生产系统中得到应用。其中，阿里云于 2015年 4 月将存储资源和负载优化的服务弹性调整方法应用于关系数据库移山项目核心子系统，在生产集群中实现资源弹性部署。应用效果表明，其数据库服务实例迁移运维效率提升 3 倍以上，生产集群资源利用率与能效显著提升（部分集群资源利用率与能效提升高达 45%），资源利用不均衡问题得到有效改善，资源争抢带来的性能降级与性能异常有效减少。阿里云在该系统上线后的 8 个月内累计节约采购、运维成本近 2000 万元。在 2015 年"双十一"期间，该系统发起超过 2000 次实例迁移任务以扩容生产集群、均衡主机负载，极大地节约了人力成本，为"双十一"关系数据库生产集群的高效稳定运行提供了有力支撑。

在科学工程计算领域，JASMIN 框架 2.0 版及可信软件模块，集成可信的基础数值并行算法，发展了激光聚变二维辐射流体力学总体 LARED-H 程序。运用该程序实现了美国国家点火设施点火基准靶的全过程数值模拟。与美国模拟结果的对比，验证了该程序的可信度。

本重大研究计划完成后领域内发展态势对比情况如表 1 所示。

表 1 "可信软件基础研究"重大研究计划完成后领域发展态势对比

核心科学问题	计划启动时 国内研究状况	计划结束时 国内研究状况	计划结束时 国际研究状况	与国际研究状况相比 的优势和差距
软件可信性度量与建模	国内关于软件可信性度量与建模的研究处于刚开始起步阶段。虽取得了许多有价值的研究成果，但研究多是基于不同的研究角度对可信性的再认识，以及基于不同方法和手段对可信性进行度量和评估，因而没有像软件可信性度量与评估这样经典软件评估体系那样体系那样完整的一个体系，存在局限性。特别是在软件可信性理论应用方面比较薄弱，还没有建立起具有指导性的量化的可信性度量技术	我国创建了软件可信性度量与建模了国家关键领域重大应用理论体系，支撑了国家关键领域重大应用的战略需求。 1.北京控制研究所的杨孟飞数据建立了结合开发过程、软件产品、可信性、工具要素，工具使用等多维属性的可信性分级度量模型和评估方法，基于此方法形成了《航天器型号软件可信性评价标准》，为型号软件可信性进行度量、合理和有效的规范和依据。 2.同济大学排出了基于软件病态检测和免疫方面出了基于 PN 机的系统切片技术，在此基础上提出了基于入口约端口的死锁源的死锁防预防策略，并应用在电子银行这一典型领域，在国际上首次提出基于手域行为认证书的系统行为辨识方法，有效解决了身份盗用和交易欺诈等甄别难题	国外在软件可信性度量与评估的研究上也取得了一些成果，例如，将软件属性有的档等信息作为可信证据，基于这些证据能够反映其某种可信性属性的数据，又从软件全生命周期角度来判断软件的可信性，而有的研究从软件开发过程提供可行的，具有指导性度量，建模与预测提供了可信，而有的研究从软件开发过程提出了可信软件方法学。又如，切片技术越来越受到国内外学者的重视。2016 年 5 月 7 日在 *IEEE Transactions on Parallel and Distributed Systems* 上发表的论文 "Distributed Slicing in Dynamic Systems"，说明了切片技术为区分动态系统本身故障和受外来主导致的错误方面提供了重要的理论依据，而目益来越多学者利用这一技术进行系统故障检测方面的研究	通过这本重大研究计划的实施，我国在软件可信性度量与建模方面已提出了切实可行的，具有标准和指导性度量意义的评分标准和指南，具有指导性意义，建模与预测的成果，并将可信工程实践，例如软件嵌入式软件应用于工程实践，例如航天嵌入式软件可信性度量。在软件可信领域越来越受到国内关注，我国已实现了赶超。在面向风险的系统行为模式辨识方面，我国在国际上较早开展研究，得到了国际同行的引用和正面评价。又如，我国将研究成果运用到实践中后，资金损失来远低于国际先进水平

续表

核心科学问题	计划启动时国内研究状况	计划结束时国内研究状况	计划结束时国际研究状况	与国际研究状况相比的优势和差距
可信软件的构造与验证	国内关于可信软件的构造与验证尚处于起步阶段，没有集成建模、测试、分析和验证等工具进行综合可信保障的平台，也没有软件过程及制品可信方面的标准	我国构建了领域建模与形式化方法相结合的可信软件构造验证技术大体系，形成了面向全生命周期的开发方法与支撑技术。1. 北京航空航天大学的怀进鹏教授在网络化服务软件的构造、测试、验证工具等方面开展了一系列研究。在虚拟计算环境的构造、开放分布式系统的可信机理与持续服务保障技术，以及开放演化等领域取得重要进展；形成了量子实际应用系统的综合实验验证平台，为进一步研究应用奠定了实证基础。2. 北京控制工程研究所的顾斌研究员提出了软件行为一致性分析的相关技术方法，给出了实现软件行为一致性的工具；形成了相应适用的一套软件开发原型工具，具有四个工具已开始应用在若干专项国家重大工程控制软件的研制中发挥作用。3. 北京控制研究所的杨孟飞教授建立了覆盖嵌入式软件研制全过程、以问题要素为核心的航天软件的可信保障技术大体系，研制了相应的可信保障技术工具，形成了综合可信保障集成环境，为系统解决航天嵌入式软件可信性问题提供了一套系统、全面的解决方案；同时，针对航天嵌入式软件可信性的若干要素问题，提供了一系列解决方法的时序正确性、程序验证正确性和验证正确性保障问题，提供了一系列相关验证方法与工具，能够有效提升软件质量和研制的工作效率	国外在互联网基础设施和核心软件的可信保障方面不断投入，例如美国国家自然基金实施安全可信的网络空间计划，英国开展专业化的可信软件研究。1. 在嵌入式软件的可信构造与验证方面，美国国家航空航天局（National Aeronautics and Space Administration，NASA）等航空航天领域的组织和企业已经开始在嵌入式软件研制过程中部分引入模型驱动的设计方法，并在该过程实现量子模型的验证。2. 在软件可信预期验证方面，行为分析技术已经在国际上得到越来越多的重视。Nature在2016年5月12日发表文章"The Human Side of Cybercrime"，对这方面的研究进行报道，指出网络攻击往正变得越来越复杂，而利用网络攻击行为科学与经济学提供安全保障是非常重要和有效的手段。他们正在开展这方面的研究。3. 在系统风险建模方面，特别是软件的演化模型已经提出，以较强力基础软件的开源软件上的研究不断出现。但国际上的实证研究案例持续增加，但国际上仍未见系统的软件可信保障方案。虽然在若干集成建模、分析与可信验证方法的综合平台，但未与可信验证等技术的结合，保证过程的行为和制品满足预期的要求，如何采集哪些过程中的证据才能对软件是否可信做出评价，仍是未解决的问题	通过本重大研究计划的实施，我国在可信软件的构造与验证方面取得了突出的应用成果。在车联网等若干应用领域形成了更加接近实际应用的软件可信技术与工具，提出了"过程及制品可信"作为扩展软件过程能力的评价标准，实现了对软件不同开发阶段和不同可信过程领域的过程度量和指导。在可信软件的构造与验证的某些方面我国已取得了国际领先成果。例如，在嵌入式软件针对的实际需求，无法直接用国际上的相关成果来适用于我国航天实际应用中，与国际航空航天大型号的工程实现及应用状况相比，国际的研究针对我国实际需求来实现问题。又如，在嵌入式软件的可信保障工具方面，形成了工具集，能针对工程实际有效地提升软件可信性。统先于国际相关研究。又如，在国际上较早开展研究，所构建的PN机模型与行为分析理论具有重要国际影响，得到了国际同行的引用和正面评价。但是，在端到端的可信软件结合技术、新型计算与处理软件结合方法、标准化水平等方面，与国际水平还存在一定差距

续表

核心科学问题	计划启动时国内研究状况	计划结束时国内研究状况	计划结束时国际研究状况	与国际研究状况相比的优势和差距
可信软件的演化与控制	国内对大型分布式软件系统可信性的研究处于起步阶段。对其边界开放、规模巨大、行为复杂等特点所带来的可信挑战认识不足，将之等同于普通桌面软件或嵌入式软件，将软件的可信性、尝试基于"还原论"，采用形式化验证和测试等方法解决可信问题。国内软件工程领域对软件监控和演化技术有初步研究，但一方面对环境假设，披露于静态封闭时对软件行为的了解认为是部署后对软件行为进行探查的独立活动，无法有效诊断、动态演化；另一方面，软件故障影响对构件本身可知，软件预设的容错场合，在演化机理上对未来系统地考虑演变开放环境下的"容变"问题及其对可信性的影响，已知的流程分析与验证技术主要是根据正统已知的需求规约，实现正确性、安全性和脆弱点的分析与验证，对已知的流程错误、漏洞具有较好的处理效果，但难以应对网络交易等软件系统在动态、开放网络环境下的可信性问题	我国通过成长性构造和适应性演化等模型，对大型分布式软件系统的特点和可信性有了较为深入的了解。紧密结合关键领域大型分布式软件系统研究的实际需求，构建了完整的"模型指导、行为监控、分析反馈"可信软件运行时保障技术方法，有效验证了系统的行为持续符合预期，取得了显著的社会效益和经济效益	从国际上看，系统脆弱性研究、软件监控与演化得到学术界的重视。①系统脆弱性因其能够实现系统故障事先预测、越来越多的研究人员致力于系统脆弱性研究。2017 年 3 月 13 日，在 IEEE Transactions on Wireless Communications 上发表了论文 "Statistical Analysis and Minimization of Security Vulnerability Region in Amplify-and-Forward Cooperative Systems"，说明了脆弱领域对系统安全性及系统私密性的影响。②随着分布式软件系统规模的持续增长，软件监控和演化得到了国际软件工程学术界的重视。特别是云计算等近期大型分布式软件系统实践中，监控系统已经成为软件基础设施的重要组成部分，基于监控数据的自动化诊断等研究成为近年相关学术会议的重要议题，面向特定应用场景的软件动态演化技术和可信技术也已经投入应用	通过本重大研究计划的实施，我国在可信软件的演化与控制方面的研究已产生一定的进展和国际影响。例如，在面向可信的系统脆弱辨识方面，我国的工作与国际同步，在电子交易支付系统的 EBPN 建模、脆弱域分析、PN 切片等方面具有优势和特色。第三方检测机构测试表明，本重大研究计划的方法行为一致性误差小于 1%。又如，结合我国关键领域大型分布式软件系统的建设实践，我国率先提出了在运行时通过监控和演化保证其可信性的思路。这一思路在国际上具有较强的前瞻性，部分成果也已在国际上产生了较大影响。但是，目前国际分布式软件系统研究正在向信息物理紧密结合的大规模系统（如物联网、云机器人系统等）过渡，不可于单纯的嵌入式系统，有大型分布式系统的典型特征，其与物理世界紧密结合的特点为其运行行为监控和可信演化带来了一系列新的挑战，我国项目成果有待进一步拓展深化

续表

核心科学问题	计划启动时国内研究状况	计划结束时国内研究状况	计划结束时国际研究状况	与国际研究状况相比的优势和差距
可信环境的构造与评估	国内关于可信环境的构造与评估方面的工作还处于起步阶段。在可信环境的构造方面，国内相关研究较少，没有系统地涵盖可信保障的内容。在可信环境的评估方面，国内研究重点主要在可信芯片规范、可信计算协议和可信计算平台及产品的测评方面	我国研发了支持可信软件开发、运行与维护的集成环境，建立了基于可信虚拟机架构的可信云计算支撑环境。从可信计算核心规范和可信计算安全芯片API等角度进行了全面的分析，提出了面向实际应用可信计算产品的测评方法。研制了测评系统，并在国家关键信息系统安全检测部门进了推广应用。对TPM 2.0授权协议的安全改进相关建议已被TCG、ISO/IEC等国际标准组织所采纳。提出了基于可信安全芯片等新的可实现安全性以及软件安全性的测试例生成方法，研制了可信性检测的测试工具和系统，形成了可信密码模块符合性检测国家标准。该系统已经成功应用于国内权威测评机构，完成了主流安全芯片、主机产品的评测。这些成果已经成功应用实施产品检测、规范行业发展成果的重要科学依据	在可信计算环境的评估方面，国际相关研究机构对可信计算技术中的关键安全机制进行了形式化分析，包括授权协议、直接匿名证明协议等，同时也在TPM标准接口符合性测试方面提出了相应的测试方法。在嵌入式软件可信保障方面，国际上尚无支持嵌入式软件生命周期全过程的集成环境，对嵌入式软件中的几类关键问题（如动态时序、控制行为和程序实现）都不能给出有针对性的、系统的解决方法，远远不能满足嵌入式软件可信性保障的需求	通过本重大研究计划的实施，我国在可信环境的构造与评估方面实现了追赶和超越。在面向可信保障技术体系和研制方面，我国建立了可信保障技术体系和集成环境，为航天嵌入式软件研制全过程提供了一套系统的解决方案，领先于国际相关研究。又如，在可信计算环境的评估方面，国内研究机构的研究工作基本覆盖了TPM和国产TCM安全芯片的所有功能和大部分可信计算协议，能够对可信计算技术框架进行全面的安全性评估，系统的嵌入式软件可信性保障领先于国际水平。但是，我国研究机构在对国际标准影响力方面与国际研究机构相比还有一定的差距，没有形成系统的影响力

第 2 章　国内外研究情况

软件学科是以计算机软件为对象，研究其范型、开发方法、运行支撑和质量度量评估的一门技术学科。可信软件基础研究是以软件可信性为抓手，开展软件及相关学科交叉的基础研究，软件工程是其基本内容。

2.1　国内外研究现状

随着软件可信性问题的凸显，人们开始从不同的角度研究与软件可信有关的问题，如可靠性、可用性、安全性和生存性问题。可靠性关注在规定的条件和时间间隔内，计算机系统和软件能正常运行的概率。提高软件可靠性的技术途径有避错法和容错法等，其中容错计算是研究热点。可用性则关注软件在某一时刻能提供有效功能的程度。提高可用性的技术途径有软件系统的可靠性和可维护性理论与方法、故障诊断与测试技术、系统恢复技术等。网络软件安全则将信息安全的研究范围拓展到开放、动态、多变的网络环境。人们不断从软件工程、形式化工程、软件过程等途径，研究如何开发高质量、低缺陷的软件系统，并开发各种支持工具，提高软件生产力，增强软件可信性。

当前，对可信性认识的重要进展包括：①软件可信性不是正确性、可靠性、安全性和生存性等性质的简单相加，可信软件研究也不是对已有的各种软件属性研究进行简单的综合；②软件的可信性需要在开放、动态、多变环境下去研究和考量。因而要针对"可信"性质建立分析、构造、度量、评价体系，使得可信性能够在软件生产、运行、使用活动中被有效地跟踪控制和验证实现。

美国国家科学院研究报告提到，对于软件可信性的认识需要采取 3E（explicit，evidence，expertise）框架，将软件具有的能够反映其某种可信属性的数据、文档等信息作为可信证据，并建立可信性与论据之间的论证和专门技术，以从软件全生命周期角度出发的方法和最佳实践来判断软件的可信性，以基于证据链、证据驱动的软件工程为主要途径。在关键领域，一批国际标准相继出台，例如在航空和航空电子领域，DO-333 标准由美国航空无线电技术委员会（Radio Technical Commission for Aeronautics，RTCA）205 专委会（SC-205）和欧洲民航装备组织（European Organization for Civil Aviation Equipment，EUROCAE）第 77 工作组（WG-71）撰写，并已于 2011 年 12 月 13 日由 RTCA 计划管理委员会（Program Management Committee，PMC）审定通过。我国学者也提出了软件功能安全白皮书，分析了当前国内外软件功能标准的制修订现状，梳理了各国对软件功能安全法规的管理现状和行业发展趋势。在本重大研究计划的支持下，我国学者从过程保障的角度提出了软件过程可信度模型，遵循完整性、必要性、兼容性和可持续性四项原则，建立了六类可信保障过程域，围绕可信实体、可信行为、可信制品这三个目标进行可信保障，并覆盖软件过程全生命周期的证据体系；面向航天高可信软件领域，从软件开发过程角度提出了可信软件方法学。结合开发过程、软件产品、可信要素、工具使用等多维属性的可信性分级度量模型和评估方法，形成了《航天器型号软件验收评分标准》，为型号软件出厂专项评审从定性验收转向量化分级验收提供了科学、合理和有效的规范与依据。我国学者还以环境为软件可信性需求的来源，建立了一个面向软件安全的软件可信性需求知识库，将软件可信度定位为实际服务质量对期望服务质量的满足程度，建立了一种网构软件可信度和服务质量指标体系的概念模型。

在软件可信性的构造方面，可信性与软件的实际行为、期望行为是共生的关系。将可信性提升到应用场景去监控，在软件的元级上操纵形成了开放环境下可信软件构造的基本途径，即软件自适应。美国学者提出了开放资源联盟概念和 Rainbow 框架；意大利学者提出了自管理的情景计算，提出融合开发与运行阶段的自适应软件范型模式，给出相应动态体系结构和全生命周期验证等关键技术；加拿大学者提出了自治管理和自主适应的信息物理融合系统。更一般地，我国学者在本重大研究计划的资助下提出了 Meta-T 的可信软件理论，包括可信性的驾驭机理以及核控、加框、评判、演化等机理，形成了初步完整的框架。在利用海量代码进行可信软件的开发方面，软件自动生成或补全推荐技术起步迅速，以色列学者研制了利用贝叶斯学习进行辅助编程的 Codota 系统。国外还出现了利用深度学习进行程序自动综合的 DeepCoder 工具原型。

在软件可信性保证方面，形式化方法及应用受到了持续的广泛关注，并取得了一系列重要进展：微软开发了构建实用和可证明正确性的分布式系统的一套形式化方法 IronFleet；牛津大学学者成立了自动验证初创公司 DiffBlue；香港科技大学学者成立了程序分析的初创公司 Pinpoint。模型检验等传统的软件正确性保证技术，呈现出更为广泛的适用性特点——针对概率及混成系统的验证技术逐渐受到人们的重视并成为热点，其效率与扩展性也得到了显著提升。定理证明技术在软件正确性保证方面的作用也日趋凸显。基于高阶定理证明，研究者完成了较为完整的编译器验证工作（如 CompCert）以及操作系统微内核验证工作（如 SeL4 和 CertiKOS）。SeL4 作为内核应用于 SMACCM（Secure Mathematically-Assured Composition of Control Models）项目中无人机的任务计算机，测试验证表明它能使该无人机有效防御黑客攻击。美国国家科学基金会（National Science Foundation，NSF）启动了形式化程序综合的探索项目 ExCAPE（Expeditions in Computer Augmented Program Engineering）和形式化程序验证的探索项目 DeepSpec。此外，定理证明技术开始更为广泛地被应用于正确性保证的其他方面。欧洲启动了 ALEXANDRIA 项目，旨在利用定理证明器辅助证明数学定理以及验证其有效性。我国学者在本重大研究计划的支持下，在程序分析和验证技术及工具链的效率与可扩展性方面取得了较大研究进展，在实用操作系统的形式验证方面取得了突破；提出了基于符号计算的软件验证新方法，应用计算机代数方法和工具开展了不变量生成、程序终止性分析及实时和混成系统验证。

在可信性的演化和控制方面，软件监控和演化成为大型软件开发的必需，特别是在云计算等大型分布式软件系统实践中，监控系统已经成为软件基础设施的重要组成部分。随着应用性能管理（application performance management，APM）等领域的出现和发展，监控数据表现出多样化特征，服务／应用层直接监控数据的重要性日益明显，基于监控数据的各类可信性自动化诊断算法和机制有了显著进展，面向特定应用场景的软件动态演化技术也已经投入应用。近年来，软件工程领域虚拟机／容器、微服务、开源软件等技术的快速发展，为软件演化的实施和过程分析提供了必要手段，软件演化技术正在由点到面走向成熟。我国学者在认识软件成长性构造和适应性演化模型的基础上，构建了完整的 "模型指导、行为监控、分析诊断、动态演化"技术体系，并突破了若干关键技术，在云服务、车联网、金融、电子税务等多个大型分布式软件系统中得到实际应用，有效保证系统的行为持续符合预期。

在可信环境的构造和评估方面，国际相关研究机构对可信计算技术的关键安全机制进行了形式化分析，包括授权协议、直接匿名证明协议等，同时也在 TPM 标准符合性测试方面提出了相应的测试方法。英特尔软件防护扩展（Software Guard Extensions，SGX）作为一种新的基于硬件的可信计算技术，通过 CPU 的安全扩展，对用户空间运行环境（enclave）提供机密性和完整性保护。它将合法软件的安全操作封装在一个 enclave 中，保护其不受恶意软件的攻击，特权或者非特权的软件都无法访问 enclave。但 SGX 发布后，针对它攻击和防御也成为热点。区块链技术是构建可信环境和应用的重要进展。依靠密码学和分布式算法，在无法建立信任关系的互联网上，无须任何第三方中心介入就可以使参与者达成共识，这解决了信任与价值的可信传递。苏黎世联邦理工学院学者研发了软件 Securify，对区块链进行验证。我国学者从可信计算协议、可信计算安全芯片 API 等角度对可信计算核心规范和可信计算安全机制进行了全面分析，提出了面向实际可信计算产品的测评方法，研制了测评系统，并在国家关键信息安全检测部门进行了推广应用。对 TPM 2.0 授权协议的安全改进相关建议已被 TCG、ISO/IEC 等国际标准组织所采纳。提出了基于安全芯片等价类划分的测试用例生成方法，研制了可实现标准符合性与安全性以及特性检测的测评工具和系统，形成了可信密码模块符合性检测密码行业标准。该系统已被推广应用于国内权威测评机构，完成了主流安全芯片 / 主机产品的评测，这些成果已经成为实施产品检测、规范行业发展的重要科学依据。

2.2　发展趋势

自中华人民共和国成立以来，应急管理体系经历了一元化、多元化、结构化三个阶段。虽然应急管理案例和经验很多，但是没有专门的应急管理体系，其反应机制是典型的"撞击—反应"模式，应急管理的重心是救灾救援。突发事件的前期准备与预防预警以及后期恢复重建工作没有受到重视，现代意义的全过程应急管理体系建设处于空白状态。2003年的SARS事件极大地推动了我国应急管理体系的发展。

软件可信性是软件学科的本质主题之一，需要长期可持续发展。可信软件的研究发展趋势与软件范型、开发方法、运行支撑和度量评估的发展趋势密切关联。随着软件对社会发展的渗透，可信性已经成为软件系统非功能特性的刚性需求。从现状的整体来看，无论是国内还是国外，可信软件仍然呈现出技术超前于理论、理论滞后于技术的状况。

（1）元级化定义将成为探索可信软件理论和方法的主要途径

软件定义世界（Software Define Everything，SDx）成为一种趋势。软件的发展需要适应从平台计算机、网络计算机走向应用场景计算机。面向开放、动态、多变环境的可信性构建、保证和持续演化是可信软件理论的科学驱动力。以元级化方式对可信性的表示、获取与操纵进行抽象、推理和学习，将成为探索可信理论方法结构、可信内涵理解以及可信保障机理的趋势。

（2）适应化软件技术将成为可成长可信软件构造的关注点

为了支持软件行为的元级操纵，软件自适应将向增强环境感知、适应决策和在线重构方向发展，并通过开发新型语言和方法、资源与场景敏感的程序分析和程序变换、软件生态系统检测以及运行环境可定义等技术，显著改善并保持开放环境下软件可信性的构造能力。适应化软件有两个重要走向：①建立内化了自适应和持续演化能力的可成长可信软件的系统形态；②显式化既有软件系统的环境资源依赖和应用意图，基于软件定义集成自适应和持续演化机制，赋予其可成长持续可信的能力。从应用视角来看可信软件构造，监控和演化正面向信息物理紧密结合的大规模系统（如物联网、云机器人系统等）。此类系统具有大型分布式系统的典型特征，但其与物理世界紧密结合的特点为其设计、行为监控和可信演化带来一系列新的挑战。

（3）形式化方法和数据驱动方法的结合将成为软件可信性保证与提升跨越的关键途径

形式化方法和技术进步迅速，可实用化的应用将持续扩大。随着形式化开发技术的不断进步和自动推理定理工具的不断发展，形式化开发方法的效率和可用性将不断提升，未来将有可能开发出几十万行甚至更大规模的可信软件系统。进一步，如何将形式化方法拓展至开放、动态、多变的环境是当前面临的挑战。另一方面，以数据为基础的软件可信实证和构造技术将继续发展，并与机器学习相结合，在软件可信性提升和保障方面发挥更大的作用。结合形式化和数据驱动方法，探索以软件知识表示为基础的智能化软件方法将推动未来可信软件的技术跨越。

（4）可信软件过程将与现代软件开发模式融合发展

面向软件质量和可信，传统的软件可信过程理念与当今工业界主流的敏捷软件开发、DevOps 等不同，需要把传统的强调单个软件产品和解决方案的模式，逐步转变为重视使用体验、运行服务、连续维护和持续演化的模式。如何兼容发展敏捷软件开发和 DevOps 以及开源、众包方法，建立相适应的可信软件过程是未来要面临的挑战。源自开源、众包的群体化软件开发以及可信软件的生态化和基于群体智慧的软件开发是可信软件开发模式和技术的发展趋势。

（5）关键 / 新型领域的软件可信需求是可信软件平台发展的主要推动力

以航空航天、能源等为代表的传统国家安全应用领域和以互联网、金融等为代表的新型国家安全应用领域的迫切需求是可信软件平台发展的主要推手，使得可信软件技术和平台面向这些领域优先开发，也优先在这些领域得到应用和回报。国际上可信软件技术优先在嵌入式应用领域和网络化应用领域的重大项目中得到研究与应用。本重大研究计划在国家航空航天工程、智慧城市车联网、金融安全、核电安全等领域取得了应用上的跨越。可以预计，涉及国家安全和社会安全的关键/新型领域的软件可信需求，是可信软件平台发展的主要推动力。

2.3 领域发展态势

对软件系统的关注点正从面向计算的功能性需求转向面向物理和社会要素的非功能性需求。人们正在系统地探究复杂软件系统的组成、交互、涌现，以及由此带来的与物理和社会要素相关的非功能性特征，如安全性、可靠性、适应性等可信性质，这将产生支撑超大规模复杂软件系统的新型软件工程方法和技术。要达到软件可信的目标，需要对软件系统开发的整个生命周期——需求分析、可信算法设计、软件设计与实现、测试与验证、运行维护等阶段，进行全面而统一的研究。用户对软件可信性的认可还有一个积累和沉淀的过程，在软件运行过程中，软件的可演化特征也是技术难以应对的。在实施本重大研究计划的十年中，美国、德国、英国、日本、巴西、韩国、印度等国家都在不断地对可信软件进行国家级基础研究的投入并还在延续，可信软件仍然是软件技术的竞争性制高点。

美国国家科学基金会在 21 世纪科学与工程的网络基础设施框架（Cyberinfrastructure Framework for 21st Century Science and Engineering, CIF21）中明确了软件的关键地位。NSF 相继投入了 1200 万美元的 ExCAPE 和 DeepSpec，分别支持软件的自动综合和软件栈的形式化验证。美国国防高级研究计划局（Defense Advanced Research Projects Agency, DARPA）一直大力支持可信软件的研究。这些年，DARPA 不断出台可信软件相关研究计划，多方位连续资助可信软件的前瞻基础研究，例如空间安全的自动程序分析、弹性适应安全系统的设计、高可信赛博军用系统、群智化形式化验证、开源软件复用构件的自动抽取、长生命期软件系统等。美国国土安全部（Department of Homeland Security，DHS）为提高公用安全基础设施的软件可信性，建立了软件确保平台，集成了一组程序分析工具，希望能满足公众对软件安全性分析的广泛需求。

在欧洲，德国国家研究基金会（Deutsche Forschungsgemeinschaft，DFG）通过一系列优先计划支持可信软件研究，例如面向未来的设计——管理软件演化、E 级计算的软件等。英国工程与自然科学研究理事会（The Engineering and Physical Sciences Research Council，EPSRC）给定的软件工程目标是开发可靠、有效和可维护的软件，列出的领域包括需求工程、软件设计、软件质量（包括可靠性、安全性和可用性）、软件测试与分析、软件适应与演化、软件过程和自动化、实证软件工程等，试图解决在向移动设备、云计算、分布系统和并行计算机体系结构迁移过程中的可信软件问题。

本重大研究计划具有高度前瞻性，在国际上是较早落实的国家大规模支持的项目。经过十年的实施，我国可信软件研究领域的发展与国际近十年的发展比较，发展方向一致，发展势头强劲，在基础理论、关键技术和平台、应用实践三个层面形成了良好的态势，凝聚了一批在国际上领跑或与国际水平并跑的方向。欧洲在开展软件产业的挑战和机遇的研究中，把中国作为紧接美国的研究对手来进行分析。

在基础理论方面，本重大研究计划在关注的四大核心科学问题上均给出了具有里程碑价值的解决方案，在国际上产生了较大的影响。十年间，在软件工程的三大国际会议即国际软件工程大会（International Conference on Software Engineering，ICSE）、软件工程基础大会（Foundations of Software Engineering，FSE）、自动化软件工程大会（Automated Software Engineering，ASE）上，我国学者发表论文比率提高了一个数量级。特别是，我国学者率先通过元级思想统一整合可信性各侧面，提出了可信性元级驾驭理论，并在网构软件的可信性需求、构造、演化等方面形成了系统化成果。本重大研究计划实现了预期的基础方面的源头创新，提高了我国在可信软件基础研究领域的整体创新能力和国际竞争力。

在关键技术和平台方面，无论是在单项技术或工具还是在整体平台方面，我国学者都有一批成果在指标上处于国际领跑或并跑位置。例如，在2017年软件验证国际大赛中，我国参赛工具在并发程序组取得了第一名；我国学者将数据驱动技术和传统程序分析相结合，在软件缺陷修复基准测试上将国际上之前不足40%的正确率一次性提升到了接近80%。在可信性元模型的基础上，提取形成了一个软件可信性需求本体，构建了相应的知识库，其中包含了107个概念实例和769个实例之间的关联。针对国外引进的可信软件工具不适应或不满足我国工程实践的情况，本重大研究计划集成项目面向航天可信软件领域开发了可信软件工具链和平台，对我国航空航天科技保持国际领先位置发挥了重要作用。

在可信软件应用实践方面，本重大研究计划达到了研究成果面向国家重大需求的预期，在航空航天、舰船、核电、车联网、互联网服务、金融、税务、自主可控平台等国家级可信软件应用上得到了成功的示范，以车联网平台、网络交易风险防控平台、阿里云平台为代表的应用在规模和效益上处于国际领先水平。

从可信软件领域的国内外发展态势上看，我国的可信软件研究已经达到了国际前沿，在未来趋势的核心竞争上已经处于国际前列，与十年前相比，竞争力和发展势头明显增强。面向国际竞争，巩固和扩大"可信软件基础研究"重大研究计划所取得的重要成果，保持和提升我国在可信软件领域的良好发展态势，对于提高我国的软件科学和技术水平，促进重大科学发现和科技创新，具有重要而深远的战略意义。

第 3 章　重大研究成果

　　软件可信性是软件学科的本质主题之一，可信软件研究的发展趋势与软件范型、开发方法、运行支撑和度量评估的发展趋势密切关联。随着软件对社会发展的渗透，可信性已经成为软件系统非功能特性的刚性需求。本重大研究计划自 2007 年起经过十年的实施，以国家关键应用领域中软件可信性问题为主攻目标，针对软件可信性度量与建模、可信软件的构造与验证、可信软件的演化与控制以及可信环境的构造与评估等科学问题，从基础理论体系、方法与平台架构、典型应用示范等方面对软件可信性进行了深入研究，取得了一批重要成果和进展，并在嵌入式软件和网络应用软件中完成了示范应用。

　　本重大研究计划的研究队伍汇聚了我国相关学科的优势力量（包括中国科学院研究所、985 高校、企业和国家重点实验室等研究单位的专家学者），培养了一支以中青年人为主力的高水平可信软件人才队伍，提高了我国在可信软件领域的基础创新能力和国际影响力，为国家重大工程的可信软件研发提供了有力的科学支撑，在航空航天、智慧城市、金融税务等国家级应用系统中发挥了重要作用。

3.1 可信网络交易软件系统试验环境与示范应用

随着网络交易平台的出现，整个销售、交易和确认的程序已被网上交易所取代。由从前第一代的银行交易系统——电子经纪系统（Electronic Brokerage System，EBS），发展至银行自行研发的单一交易平台，到今天由第三方提供的多主体交易平台，以及在市场推动的应用程序接口（API），都显示出网络交易迅猛发展的势头。网络购物已经成为发展最迅速，与网民利益最相关的网络应用。网络支付平台在网络交易过程中扮演着关键角色。网络交易已经成为影响民生的重要因素，也已经成为国民经济和民族产业的重要组成部分。随着网络购物的迅猛发展，网络交易软件系统的安全可信问题也凸显出来。网络交易软件系统的可信问题主要涉及流程设计、组件交互和系统运行等方面。循其根源，主要有两方面原因：①不确定的多样性业务需求导致网络交易软件系统的交易流程、实体和方式不断发生变化；②开放、动态的网络环境使得网络交易软件系统面临着环境和恶意攻击手段的不可预知性。

"可信网络交易软件系统试验环境与示范应用"集成项目在本重大研究计划的支持下，面向网络交易支付，探究系统行为模式辨识和系统脆弱域辨识问题，开创性地提出了风险防控的行为分析技术与认证机制，建立了我国首个互联网交易风险防控体系及系统，解决了交易欺诈精准判定和瞬时辨识难题。相关成果在支付宝等应用中取得了显著成效，完成了本重大研究计划的既定目标，更为我国在该领域处于国际领先水平做出了开拓性贡献。

3.1.1 主要创新性工作

按照项目研究目标，本项目重点开展了以下研究工作。

（1）网络交易软件系统的 PN 机行为建模及其分析理论

针对第三方支付的互联网交易业务流程的缺陷及黑客的恶意攻击，在交易行为分析的 PN 机建模方面，本项目完成了以下两方面的工作。①提出一套形式化的建模和验证方法——电子商务业务流程网（e-commerce business process net，EBPN）建模方法和可达性数据图（reachability data graph，RD）分析验证方法。在业务流程设计阶段构建 EBPN，然后构建其 RD 图分析验证是否满足合理性（rationality）和交易一致性（transaction consistency）这两个性质。对于不满足这两个性质的数据状态，施加相应的控制措施，避免出现错误。②为了检测存在数据信息的在线违法用户的行为，及时发现不安全问题，我们提出了控制流和数据流信息相结合的在线社交网络（online shopping net，OSN）建模方法，并以此为基础对正常业务流程进行建模，使其成为合法的行为模式，用于在线分析交易系统的行为。此外，进一步设计了基于 OSN 的在线分析程序，对用户的违法行为进行分析，并对恶意行为进行阻止。

（2）基于域行为证书的交易行为认证机制

系统行为辨识及其域行为证书主要包括两个方面的内容，即软件行为辨识和用户行为辨识。在软件行为辨识与证书构建方面，基于上述提出的 EBPN 模型及软件行为在线分析机制，设计了软件行为证书构建与认证机制。根据正确交易流程下的三方合法交互行为，形成软件行为证书。在用户行为辨识与证书构建方面，本项目利用用户的生物特征以及行为习惯，从用户在上网过程中对键盘的敲击行为以及网页浏览时间序列行为两个方面构建用户行为证书，进行用户身份认证。

（3）网络交易软件系统的流程构造及验证技术

交易软件系统的流程研究涉及交易过程模型的挖掘与优化以及模型行为的可信分析两个方面。通过运用 PN 机建模及其形式化验证理论，本项目完成了以下三部分内容。①针对交易日志不健全的情况，利用交易过程中的零散交易日志碎片，进行行为关系排列并挖掘序列模型；对含有环结构的交易流程，提出了树形分支算法，以便挖掘包含环关系的流程模型；进而以模型库中的子模型为参照，对子模型进行结构合成，并将行为轮廓关系作为约束条件，提出网的行为保持概念；为保障流程的 PN 机模型不会出现因模型复杂而导致的状态爆炸问题，提出三维关联矩阵分析方法，简化流程模型，以达到行为可分析、易分析的目的。②在流程模型验证方面，针对交易过程中行为模型与预期模型的行为一致性分析问题，提出了基于行为关系矩阵的复杂对应关系行为一致性测度方法，解决了存在交叉重复模型对的行为一致性测度问题。③基于 EBPN 模型，提出考虑恶意行为模式的业务流程验证方法。首先，建立正常的网络支付业务流程，称之为功能模型。其次，对一些能够导致违反安全目标和交易属性的潜在恶意行为模式，根据功能模型，建立恶意行为模型。最后，合成功能模型和恶意行为模型，从而构造出一个完整的攻击场景，以便准确分析和验证流程模型的可信性。

（4）基于业务流程的交易组件设计及实现技术

交易组件间任务的可信、高效协同是实现可信交易的保障。在实现交易组件功能模块化的基础上，基于业务流程，协同设计各个交易组件的任务，实现可信交易业务需深化理论研究。为此，我们完成了以下三部分内容。①在协同设计阶段，针对业务流程中跨组织的组件间兼容性分析，提出了组织间独立工作流网（independent workflow net，IWF-nets），给出了基于网结构判定 IWF-nets 的弱兼容性和兼容性的充要条件，并通过研究 T- 组件和覆盖之间的相关关系来判定组件的兼容性和弱兼容性。②在协同实现阶段，为提高业务流程交互环境下组件检索的效率，提出多级索引模型，基于等价理论，设立了检索的多级索引模型的建立准则，然后给出了四个等价关系，以这四个等价关系为基础，建立了业务检索的多级索引模型的四级索引。③对于业务组件选择来说，可信和可靠的业务组件声誉的计算方法是至关重要的。为此，提出了动态权值公式（dynamic weight formula，DWF），克服平均值方法的滞后效应。同时，为了抑制虚假评价的不利影响，要求使用尽量多的评价。基于生物界中嗅觉疲劳现象，我们提出了一种模拟算法，来减小非公平评价的不利影响。

（5）网络交易软件系统组件上线交互处理技术

交易系统组件上线时，由于用户、运行环境等不可控因素的引入，需要对组件与其他因素的交易进行可信分析和处理。为此，我们首先生成 PCC 系统，由用户指明安全属性，系统分别提供证明产生器和证明验证器，验证上线环境的完整性；其次，提出了在 Linux 系统下运行时程序执行路径监测方法，运用深度学习对大量程序执行时的路径信息进行分类，形成标准模板库，并以之为标准，与当前的监控信息进行比对，进而识别在上线交互时处于异常状态的组件是真的异常，还是受其他组件的交互干扰，从而为交易系统组件的上线运行提供可靠的监控和安全保障。

（6）开放环境下交易组件交互行为监控技术

本项目研究了网络交易软件调用行为建模及模型生成方法，在调用行为模型的基础上，研究网络交易软件行为监控方法。本项目提出了一种用于描述和刻画软件系统运行过程及动态结构的系统化模型，即 CN 模型。基于 CN 模型，本项目提出了需求驱动的多粒度行为监控。基于动态插桩技术和面向切面编程（aspect oriented programming，AOP）技术，已能实现指令级、方法级监控，可获取指令执行序列、函数调用堆栈等 4 类 11 种运行时信息。同时，基于调用堆栈，实现了 CN 的构建；基于 CN 的时间切片特性，提出了方法级的软件行为模型。该模型可以用于软件行为模式的挖掘，软件行为的分类，以及异常和恶意行为的识别、预测、监测和控制。

（7）交易流程行为分析技术

首先，提出了基于交易主体特征的交易风险过滤方法。本项目依据在模型验证过程中对部分明显正常的交易进行分类识别所造成的问题，以及模型验证面临的大量且倾斜的数据造成的问题，提出风险过滤方法，在交易风险的规则验证与模型验证之间添加风险过滤的过程，使符合过滤条件的交易直接通过风险认证，降低对后续模型验证的压力和潜在的错分风险，让正常交易的响应更快速。其次，提出了基于免疫机制的异常行为监测技术，把能反应用户电子交易过程中行为习惯的日志表示为抗体，根据生物免疫自稳机理，通过清理其中的"衰老"日志来实现抗体更新，从而保证处理过的日志可以反映用户最近的行为习惯，并根据免疫监视机制来检测新产生的交易日志序列是否发生异常，从而达到检测用户电子交易过程行为模式是否正常的目的。当异常交易漏检率为 10.8% 时，其对应的正常交易通过率为 92%。

（8）互联网交易支付风险行业标准及监管政策研究

本项目还开展了互联网交易支付风险行业标准及监管政策研究。在互联网交易信用与信任问题研究中，我们发现在网络交易环境中，可以将社会化媒体中企业的粉丝数和企业间的互相关注的关系，作为企业知名度和声望的直接衡量维度。在电子商务及支付监管政策研究中，我们基于对使用 RosettaNet 标准的 216 家企业的问卷调查，利用结构方程建模的方法进行实证分析，研究了不同的推广策略对行业电子商务标准推广的广度和深度以及运营收益和战略收益的影响。为了有效规范跨境电子支付业务，本项目对中国跨境电子支付存在的汇率风险、信用风险、法律风险、操作性风险和技术风险进行了分析，给出了对应的监管及政策建议。本项目从互联网金融企业和传统金融机构在经营理念、产品设计、创新态度方面的本质的不同进行了分析，指出其长远发展还是要看经营者对金融风险的专业把控水平，单纯地利用互联网进行营销、缺乏良好金融专业技能的机构后期可能会逐步暴露风险。

（9）可信网络交易系统试验平台及典型应用示范

本项目基于系统行为辨识及其域行为证书技术，设计提出了网络交易可信认证中心的架构，通过网络交易可信认证中心完成对行为证书的统一管理及认证过程，并制定了网络交易可信认证的认证协议。可信认证中心监控中心用于监控用户、商家和第三方支付公司在进行在线交易行为时产生的用户行为数据与软件行为数据，并采用多种类多维度的图表，直观动态地展现过程中产生的数据。

基于上述成果，支付宝在原有系统的基础上新增了可信行为分析及运营的数据服务平台，为支付宝各业务系统提供业务行为可信识别服务。基于本成果，支付宝实现了对涵盖虚拟游戏、数码通信、商业服务、机票等行业 B2B、B2C、C2C 等网络交易支付业务的风险管控，为 4 亿多实名用户提供优质安全可信高效的网络交易支付业务服务。项目技术成果在支付宝的应用效果包括：①案件识别系统的响应速度由 200ms 减少到 100ms；②可信平台的交易直接放行率由原来的 44% 提升至 96%；③资金损失率从 0.034‰下降至 0.0097‰。

本项目开发了面向上海自由贸易试验区企业监管和服务的互联网大数

据管理与分析平台，在上海自贸区得到了成功应用。目前，获取的有效数据总条目超过 100 万，涵盖新闻资讯、公报、实体信息、条目等各个方面。在此基础上，已经完成了初期平台的搭建，涵盖了新闻消息推送、企业态势分析、企业关联分析、企业事件分析、第三方数据展示等内容，除了进一步完善和改进上述功能以外，本项目正在推进其他功能的实现，包括企业异常预警、自贸区相关指标数据分析、行业相关分析等。

3.1.2　研究水平与突出贡献

本项目已发表论文 219 篇，其中 SCI 收录 111 篇，IEEE/ACM 汇刊论文 66 篇，有关成果得到国际同行专家充分肯定和评价；已授权国外专利 7 项、国内发明专利 29 项，发布国际 / 国家 / 行业标准 15 项，申请 PCT 国际专利 16 项，获批软件著作 12 项；获得国家科学技术进步奖二等奖 1 项和省部级科学技术奖一等奖 4 项，获得国际奖励 6 项；1 人获得 IET Fellow，培养国家优秀青年科学基金获得者和"长江学者奖励计划"青年学者 3 人，博士 16 名，硕士 51 名。

本项目的主要贡献包括以下几方面。

①提出了网络交易支付系统的 EBPN 模型及脆弱域辨识方法。EBPN 通过扩展数据流维度，实现了网络交易支付系统控制流和数据流的精准刻画。提出了 RD 图和三维关联矩阵分析方法，支持多业务主体的行为可预期性分析，验证系统合理性和交易一致性等性质。通过前向、后向、静态和动态多种切片的组合策略，改变了传统脆弱点单一粒度检测手段，突破了脆弱域多粒度动态适配的技术瓶颈，解决了系统建模与行为性质分析难题。

②在国际上首次提出基于域行为证书的系统行为辨识方法。建立了用户行为数据采集的标准规范，提出了用户行为模式挖掘的要素路径和统计学习方法，构建了基于 PN 等模型的行为证书及其认证系统，实现了系统

行为精确辨识，有效解决了身份盗用和交易欺诈甄别难题，对可信交易的直接放行率超过 96%。

③攻克了大规模、高并发、强实时交易支付风控平台中的若干关键难题，建立了可信认证中心体系，提供了平台弹性部署和服务优选技术，研发了多队列实时并发的风控平台技术与专用设备，突破了网络并发系统的高通量技术瓶颈，解决了系统健壮性难题。

④首创了设备、行为、业务三位一体的分层风控机制，基于可信交易终端设备监控与辨识技术和基于主体强依赖关系的交易可信行为分析技术等，通过分层分级的风险过滤与防控体系，在实现网络交易支付风险的精准判定的同时，提升了风控系统的性能，降低了案件识别时间，平均响应时间为 65ms。

项目组成员早在十余年前就着手开展相关研究，2007 年就联合支付宝开展了合作研究。当时网络交易欺诈危害日益凸显，但传统的信息安全技术主要解决身份认证，而网络欺诈是用盗取的合法账号和密码骗过身份认证而实施非法行为的。面对在线交易支付中的身份盗用和交易欺诈的难题，项目组在没有国内外成功经验借鉴的情况下，创新性地提出了行为证书与认证机制，从无到有地构建了网络交易支付系统风险防控技术体系。在此过程中，项目组综合集成了团队前期的成果，包括 PN 机的行为相关性研究、计算机系统的 PN 机建模与模拟、框架时序逻辑程序设计以及资源组织与管理的虚拟超市模型等，同时借鉴和吸收了其他专项项目（如可信软件理论、方法集成与综合试验平台等）的成果进展，开展了深入的国际合作交流，分别在美国奥斯汀和英国伦敦建立了两个研究分中心，协同开展创新研究。项目组提出了网络交易支付系统的 EBPN 模型及脆弱域辨识方法，基于域行为证书的系统行为辨识方法，基于多级索引模型的平台弹性部署技术，基于嗅觉效应的服务自适应优选技术，以及可信交易终端设备监控与辨识技术和基于主体强依赖关系的交易可信行为分析技术等，取得了一系列成果，为互联网金融风险防控提供了可供借鉴和应用的基础理论与创新技术。2017 年，*Nature* 以"The Human Side of Cybercrime"一文指出利用行为科学与经济学来理解肇事者与受害者从而提高安全性是非常重要和有效的手段，这已成为当前研究的前沿和热点。而本项目的工作不仅符合国际主流趋势，并且在国际上尚属较早开展的研究，产生了重要国际影响。相关成果得到了中国科学院、中国工程院、美国国家科学院、美国国家工程院、加拿大皇家科学院、加拿大皇家工程院、英国皇家工程院、瑞典皇家工程科学院、印度国家科学院、印度国家工程院、欧洲科学院、英国爱丁堡皇家学会的近 20 位院士以及 ACM、IEEE、IET、IFAC、IEICE 等国际知名学会的 30 余位会士的正面评价。

本项目的成果不仅在支付宝、快钱等业内领先的第三方支付企业得到成功应用，而且服务于中国（上海）自由贸易试验区、国家电子商务综合创新实践区，并且也与中国工商银行达成了合作协议，已经稳步有序地开展了深入合作。上述这些在第三方支付、自由贸易、电子商务和银行的成功应用典范，表明本项目成果不仅适用于互联网金融全行业，具有普适性，而且已经在各个领域取得实际成效，提升了相关行业领域的金融风险防控能力，有力保障和推进了新业态、新模式的健康发展和壮大。

3.2 多维在线跨语言 Calling Network 建模及其在可信国家电子税务软件中的实证应用

电子税务是国家财税的支撑平台和生命线。随着国家税收制度改革和电子税务系统扩容升级，软件的可信性与复杂多样的偷逃骗税问题日益严峻，已成为严重威胁我国财税体系安全的技术挑战。西安交通大学和税友软件集团联合课题组，在国家自然科学基金"可信软件基础研究"重大研究计划和国税总局金税三期工程的支持下，针对电子税务软件的可信性建模、度量、演化与控制、测试等核心科学问题，系统深入地开展了"产学研用"工作。"多维在线跨语言 Calling Network 建模及其在可信国家电子税务软件中的实证应用"重点支持项目团队创造性地将复杂网络理论应用于可信软件领域，提出了软件调用网络（CN）概念和模型，以及基于 CN 的软件可信度量与行为监控方法，发现了 CN 中软件调用服从致密化幂规律、局部熵稳定规律等重要特性，在技术上突破了以往只能基于电子税务软件程序代码的可信性评估，实现了对纳税人身份、纳税行为、系统能力等的可信性综合分析与量化计算方法，研制出"电子税务可信监控""CN 构建与软件合理性评测"等工具，应用于网络电子报税、个税管理等的软件开发、测试和维护。自 2012 年以来，本项目团队负责的三大类电子税务系统累计超过 1000 个版本，连续四年未发生大规模报税数据错误、税款入库失败等重大事故，有效提升了我国电子税务系统的软件可信性。

3.2.1　主要创新性工作

按照项目研究目标，本项目重点开展了以下研究工作。

（1）网络软件 MOC-CN 模型的构建与特性分析

项目组在前期研究中提出了基于软件方法 / 函数调用的软件调用网络（CN）模型，但 CN 模型的建模和描述能力有限，难以支持用户行为的在线监控以及针对软件版本演化的管控和可信性评测。对此，本项目研究并提出了多维在线跨语言调用网络模型（multi-dimension online cross-language calling network，MOC-CN），深化研究了 CN 理论模型及构建方法，使之能支持不同粒度（从文件、组件、方法 / 函数到语句）、不同维度（状态、时序、功能、用户等）、动态在线、跨语言的软件调用网络构建和分析，为软件整体态势和运行过程的可信评估以及特定功能和用户行为的可信监控提供了理论基础。

（2）基于时序行为模式挖掘的软件和用户异常行为的识别与控制

软件行为是指软件为完成特定功能或响应用户请求而进行的相互交互和协作的有序集合，对应 MOC-CN 中的特定功能切片；用户行为是指为控制软件完成其既定需求，用户对软件实施的操作集，其由底层软件行为体现，对应 MOC-CN 的功能切片集。本项目从软件行为模式的角度出发，研究了基于 MOC-CN 功能切片的正常时序行为模式挖掘、软件行为在线监控和用户异常行为识别方法。

（3）软件版本演化的差异性检测及其可信性评测

基于静态源代码比较的软件版本演化差异检测往往会虚报很多不具有实际意义的差异（如变量的重命名、函数声明顺序调整等），这些差异会显著降低回归测试的效率。MOC-CN 的多维度及动态生成属性使其能够从不同粒度体现版本升级前后软件行为的差异，以此引导测试案例生成，能够高效和精确地测试版本升级前后的差异及受差异影响的相关位置。

（4）MOC-CN 理论在电子税务系统中的实证应用

本项目在 MOC-CN 理论研究的基础上，建立了电子税务系统可信试验环境，涵盖电子税务用户异常行为识别、版本演化差异检测及可信测试等功能。试验环境提供开放的测试接口，为本重大研究计划其他研究成果提供了测试平台，在国家税务总局和陕西省国家税务局的指导下开展了示范应用。

3.2.2 研究水平与突出贡献

本项目提出的 MOC-CN 为"软件可信性度量与建模"这一核心科学问题提供了新的视角和理论支撑，可为软件版本演化和运行过程中可信性的演化规律的度量与描述提供有效方法；同时，MOC-CN 模型和本项目提出的用户行为可信监控方法、基于软件版本演化差异检测的可信评测方法，为"可信软件的演化与控制"这一核心科学问题提供了理论和方法支撑。相关成果有力促进了重大研究计划总体目标中上述两个核心科学问题总体目标的实现，显著提升了上述核心科学问题的理论研究水平和实际应用效果。

本项目研究成果在国际顶级期刊和学术会议上发表论文 56 篇，获得美国发明专利 2 项，中国发明专利 14 项；获得 2015 年度高等学校科学研究优秀成果奖（科学技术）科技进步奖一等奖，2013 年中国电子学会科技进步奖一等奖，2016 年第十八届中国专利优秀奖；相关论文获得 IEEE ISSRE[1] 2016 最佳论文奖，SEKE[2] 2014 最佳演示系统奖。

Information Sciences 副主编、韩国江原大学的 Sang-Wook Kim 副教授在其 2016 年发表于 *Journal of Systems and Software* 的论文中沿用了本项目团队提出的软件抄袭检测阈值和判定函数；美国宾夕法尼亚大学网络安全实验室和 Lions 研究中心主任 Peng Liu 教授在其 2016 年发表于 *IEEE Transactions on Reliability* 的论文中，将本项目团队提出的动态软件胎记评价为"最新的动态软件胎记，能够对关键指令序列相似性进行度量，实现了很好的对混淆技术的抵御能力"；*IEEE Transactions on Reliability* 主编、美国得克萨斯大学达拉斯分校 W. Eric Wong 教授在 IEEE ISSRE 2016 论文中将本项目团队提出的软件结构度量指标作为代表性工作进行了引用；FORMATS[3] 2010、MFCS[4] 2013、SYNT[5] 2014 程序委员会主席、奥地利科

---

[1] IEEE ISSRE: IEEE International Symposium on Software Reliability Engineering.
[2] SEKE: International Conference on Software Engineering and Knowledge Engineering.
[3] FORMATS: International Conference on Formal Modeling and Analysis of Timed Systems.
[4] MFCS: International Symposium on Mathematical Foundations of Computer Science.
[5] SYNT: The Workshop on Synthesis.

学技术研究所 Krishnendu Chatterjee 教授在其论文中将本项目团队在 CN 建模及度量方面的工作作为基础性结论进行了引用；西班牙哈恩大学 ICT 研究中心院长、计算机工程学院 Luis Martínez 教授和英国基尔大学 Peter Andras 教授等都对本项目团队的工作给予了正面评价和引用。

3.3 面向车联网的可信网络应用软件系统试验环境与示范应用

车联网软件是同时涉及嵌入式软件系统和大规模网络应用软件系统的综合系统软件，与安全性、规模化和开放性等要求所带来的可信需求关系密切。"面向车联网的可信网络应用软件系统试验环境与示范应用"集成项目针对车联网软件的规模化、开放性、移动性等关键特性，以网络应用软件系统的客户端、网络通信构件和服务端可信软件技术研究为切入点，突破并掌握可信网络应用软件和可信环境的需求分析、构造、验证、监控、演化等理论、方法及技术，通过集成创新，形成一体化可信软件技术体系，研发相应的支撑工具与平台，建立面向车联网的可信网络应用软件系统试验环境，并通过开发车辆远程诊断、安防服务、车队服务等可信车载服务典型示范应用案例进行验证。

本项目研究成果使可信软件基础研究成果得以物化、集成与升华，形成了较完整的一体化可信软件技术体系，并在车联网软件系统中加以系统化应用，有效提升了车联网等网络应用软件系统的整体可信性，为提高车联网等国家重大工程的软件可信性提供了科学支撑，为提升信息化带动工业化能力、落实网络环境下工业控制系统安全与可信提供了基本技术手段和试验验证环境。

3.3.1 主要创新性工作

项目团队根据项目计划书所规定的任务，在终端软件、网络通信构件、服务端软件的可信保障方面，以及网络应用软件的可信技术综合集成与示范应用方面，开展了卓有成效的研究，形成了一系列研究成果。

（1）终端软件的可信保障机制

本项目研究并提出了基于汽车开放系统架构（AUTomotive Open System ARchitecture，AUTOSAR）的车载总线通信协议，应用形式化方法建模，解决了嵌入式实时数据处理与通信软件的可信问题，建立了时间触发控制器局域网（time-triggered controller area network，TTCAN）实时通信协议，提出了具有隐私保护功能的交通数据快速验证和响应方法，构建了车联网中的安全信道机制。相关成果可用于车联网中的通信安全与隐私保护，为安全攸关的客户端软件可信计算与通信模型建立提供了技术思路。

（2）网络通信构件的可信保障技术

基于车联网的特殊网络环境、运动规律及应用背景，针对网络传输的实时性、延迟性、容错性等要求，本项目研究了在移动网有限的通信资源条件下的可信数据传输与认证以及异构网络融合问题。

（3）服务端软件的可信保障机制

本项目提出了资源细粒度隔离与批量虚拟化管理的方法，提出了数据存储资源容器化隔离技术 MultiLanes，实现了集群级别虚拟资源的高效回滚与高可用保障机制，从而有效应对规模化公众服务的可扩展性和可持续性问题。同时，提出了基于服务端软件行为监控与演化的可信保障关键机制，建立了统一的服务监控描述语言、实现服务监控能力敏捷构造方法，提出了基于规则的监控数据时空关联分析方法和基于机器学习的大规模系统性能瓶颈定位方法，提出了基于轮转机制的服务在线更新方法、基于延迟切换的在线更新一致性保证策略和面向资源及负载优化的服务弹性调整方法，为提升云端软件服务可信运行能力提供了有效支撑。

（4）网络应用软件的可信技术综合集成与示范应用

本项目构建了面向实际应用系统与车联网大数据处理的网络应用软件的可信技术综合集成验证平台。通过接入实际车辆以及对接仿真数据生成平台，形成了以车联网应用为载体的开放网络应用软件综合实验平台，实现对"端—网—云"结构的软件系统可信保障机制的综合试验与验证。分别针对车联网大数据云服务和汽车信息服务两类典型场景，对可信技术集成进行成果物化。相关成果成功应用于交通运输部重点应用车辆监管、地方交通管理机关智能交通指挥与数据分析、神州专车等新型互联网＋交通业务平台以及上汽 Telematics 等具体应用服务中，并对相关技术进行了实战化验证，取得了良好的社会效益和经济效益。

3.3.2　研究水平与突出贡献

本项目团队分别以上汽 Telematics 服务、重点运输车辆监管和专车服务为背景，搭建面向车联网的信息服务平台与大数据云服务平台。该平台已实现实车接入超过 70000 辆，是世界上规模最大的实车实时数据处理平台系统之一。在实验环境中，将车辆作为客户端，通过车载设备对车内 CAN 总线网络、车载设备的移动通信网络以及互联网的跨网络可信数据进行采集、传递和融合，实现了"端—网—云"架构的车联网示范应用。项目技术与系统成果已经应用于交通运输部重点营运车辆监管系统，北京市、重庆市等地方交通管理机关实时交通业务系统，神州专车等新型交通运输企业移动网联网平台。本项目成果获国家技术发明奖二等奖 2 项，国家科学技术进步奖二等奖 1 项，社会效益和经济效益明显。

本项目在软件可信评估与验证、可信通信保障技术、可信资源虚拟化与大数据处理技术方面，通过积极参与国际学术交流、国际标准化等活动，不断扩大相关研究成果的影响力，累计开展学术交流活动 50 余次，与伊利诺伊大学香槟分校、密歇根大学、耶鲁大学、波特兰州立大学、伊利诺伊理工大学、利兹大学、香港科技大学等国际知名大学相关专家开展学术交流。相关学术成果多次被国内外同行关注和评价。在标准化方面，本项目主导了《车载终端与智能手机互联技术研究》标准的制定；参与了《车联网总体技术要求》（YDB 124-2013）等技术标准的制定；参与了国际电信联盟 SG16 研究组关于汽车网关（vehicle gateway platforms，VGP）的会议，主导了两项国际标准的制定。

3.4　航天嵌入式软件可信性保障集成环境和示范验证与应用

随着我国航天事业的快速发展，软件在航天器中的作用和地位越来越突出，软件可信性已成为确保型号任务成功的重要因素。目前针对航天嵌入式软件可信问题已有一些局部的解决办法，但还没有形成系统的解决方案，同时软件质量受人的能力、经验影响较大，这导致一些深层次问题依然时有发生。随着航天任务的数量和复杂度急剧增加，国家空间技术的发展对软件研制提出了质量更高、速度更快的要求，当前研究现状已无法满足发展的需求。

针对上述问题，根据国家空间技术发展的需求，尤其是国家重大科技专项的要求，结合当前我国航天嵌入式软件研制能力和软件质量面临的形势，为解决航天嵌入式软件可信构造与验证中的深层次问题，"航天嵌入式软件可信性保障集成环境和示范验证与应用"集成项目在国家自然科学基金"可信软件基础研究"重大研究计划的支持下，以国内外软件可信保障相关成果为基础，集成升华相关理论、方法、技术和工具，构造覆盖嵌入式软件需求分析、设计、编码测试、编译固化、运行维护、可信度量全过程的规范高效的可信性保障集成环境，并在国家重大科技专项中进行验证和应用，从而实现软件可信性保障从局部到系统、从依赖人到依靠工具的转变，提高航天嵌入式软件的可信性，满足航天任务对嵌入式软件的可信需求。

围绕上述目标，本项目从嵌入式软件可信保障技术体系、面向关键可信问题的可信保障技术和可信保障集成环境构建等方面进行了深入研究，并在航天型号中进行验证和应用。应用载体包括探月工程、载人航天、北斗导航、对地观测、科学实验、气象卫星等型号的各类航天嵌入式软件。本项目累计应用规模 1000 余万行，其中单个软件最多应用 10 万行。根据成果的差异，应用阶段涉及需求分析、软件设计、编码、测试和评估等全过程。除航天领域，部分成果已经应用到航空、电子、核电等领域。应用表明，相关成果显著提高了嵌入式软件的质量和研制效率，体现出了重要的社会效益。项目成果已实现超过 1000 万元的经济效益。

本项目的具体应用效果如下。

①软件质量显著提高。本项目实施四年后，软件交付的缺陷率显著下降，四年中成功发射的几十个航天器在轨运行期间未出现任何软件质量问题，软件可信保障逐步实现了从局部到系统的转变。

②软件研制效率显著提升。本项目实施四年后，软件研制生产率显著提高，平均工作时间显著下降，软件研制逐步实现了从依赖人到依赖工具的转变。

③部分工具应用的效果如下。

a.编程规范检查的效率约为原来的 5 倍。若分析 4 万行代码，使用 SpaceCCH 只需要 3 人时（原来使用商业工具需要 15 人时）。

b. 中断数据竞争专项检查的效率约为原来的 3~6 倍。若分析 4 万行代码，使用 SpaceDRC 只需要 5~10 人日（原来人工检查需要 30 人日）。

c. 数组越界专项检查的效率约为原来的 10 倍。若分析 4 万行代码，使用 SpaceCAI 只需要 1~2 人日（原来人工检查需要 10~20 人日）。

d. 动态测试用例执行的效率为原来的 6~10 倍。实现加速运行测试用例（6~10 倍），可在夜间无人值守运行。

3.4.1　主要创新性工作

（1）嵌入式软件可信保障技术体系与集成环境

本项目从理解影响航天嵌入式软件可信的核心关键问题入手，结合已有的软件研制流程，识别出这些问题在各个研制阶段的可信要素，首次建立形成了航天嵌入式软件可信保障技术体系；并研究了将技术体系相关方法、工具、资源、数据集成于一体的方法、体系结构和关键技术，最终构建形成了一套航天嵌入式软件可信保障集成环境。

本项目从嵌入式软件典型特征和已发生问题分析两个方面对航天嵌入式软件的可信性问题进行了提炼，提出了航天嵌入式软件的十大可信问题。通过对十大可信问题和相关研究成果的分析，主要针对其中的六个可信问题进行了研究。这些问题可分为三类：①动态时序正确性问题，对应于动态时序问题；②程序实现正确性问题，对应于编码、数据使用、内存使用、计算误差四个问题；③控制行为正确性问题，对应于状态转换问题。针对动态时序正确性、程序实现正确性和控制行为正确性三方面的可信保障，通过理论研究、案例分析和经验总结，形成了包括 20 个要素和 62 个子要素的技术体系框架，并针对各要素、子要素给出了适用的可信保障方法以及对应的工具与指南。

可信性保障技术体系为可信保障方法与工具的研究提供了指导，基于建立的五维结构模型，本项目重点面向上述三类可信问题，研制了相应的工具；此外，根据航天型号软件研制的实际需要，集成各类可信保障技术、工具的具体需求，研究了不同工具的集成方法，提出了分层与双层总线结合的体系结构，设计实现了开放可扩展的可信保障集成环境 SpaceIDep。航天嵌入式软件运行于特定的目标环境中，验证针对动态时序、数据竞争等问题的可信保障技术，必须考虑具体的硬件特性。为此，我们研制了以真实目标机为中心的目标运行平台，为可信保障技术验证提供一个半物理的动态运行环境。

（2）基于参数化描述的时序正确性建模验证技术

针对实时嵌入式软件系统的特点，本项目提出了基于中断时间自动机的时序模型。该模型包括由时间自动机建模的中断事件和任务开始事件、包含响应和执行时间信息的中断处理程序及其子处理程序模型，记录中断事件触发情况的中断向量表，以及模拟中断处理过程的 CPU 处理栈模型。中断驱动系统的整体模型包括中断时间自动机网络、中断向量表和 CPU 处理栈。

通过对实际案例的深入分析，本项目确定了并发多重中断驱动系统中与时序正确性相关的参数，然后利用基于参数化描述的时序建模方法，根据输入的参数自动生成形式化的时序模型。该方法便于系统设计人员使用，能够保障模型的完整性和正确性，建立起了形式化理论方法与工程实践之间的桥梁。

为了提高模型检验算法的处理能力，本项目基于偏序技术改进了基本的有界模型检验算法，使之可适用于实际的航天嵌入式软件。该技术分析中断处理程序之间的相关性，通过枚举偏序路径来忽略独立中断之间的顺序，降低了路径数量，提高了算法效率。

基于上述建模和模型检验方法，本项目研制了动态时序建模验证工具 SpaceTMC。该工具提供了易于工程师使用的参数化建模界面，自动将模型输入转化为形式化模型并进行模型检验，图形化输出不满足规约的反例。

（3）面向航天嵌入式软件的程序缺陷预防、检测与定位

针对航天嵌入式软件程序实现的特点和规模，本项目从程序缺陷预防、检测和定位三个方面，提出一系列可信保障方法与工具，形成了适用于航天嵌入式软件的程序缺陷预防、检测与定位的高效的方法体系和工具集。

针对航天嵌入式 C 程序中的常见问题，结合系统特性，使用软件故障树分析方法，分析语法误用导致的后果，形成了"航天 C 语言可信编程规范"和中国空间技术研究院标准。研制了航天 C 语言编程规范检查工具 SpaceCCH。该工具支持规则的自动检查；适用于超过 10 万行大规模软件的检查，能满足航天型号软件研制需要；支持航天型号软件各种常用平台 C 语言的语法；提供可定制格式的检查报告输出。

本项目提出了基于数据流分析和函数摘要的航天嵌入式软件数据竞争检查方法。该方法针对航天嵌入式软件的代码特征，基于常值传播分析和端口汇聚的数据竞争识别等方法，提炼了航天嵌入式软件的中断与任务之间交互的特征，提出了基于控制流模板的数据竞争识别方法和基于变量访问序模式的检测方法；优化了函数摘要算法和搜索算法，使之可适用于 10 万行代码以上的航天嵌入式软件。本项目研制了数据竞争检查工具 SpaceDRC，该工具利用上述数据竞争检查方法，可以有效地检测出航天软件中的数据竞争问题。

针对航天 C 程序中数组越界、除零、浮点上溢等问题，本项目提出了基于非凸数值抽象域的数值型错误检测方法，减少了误报，提高了效率；针对控制软件中由于物理量纲的误用而导致的程序缺陷，提出了基于类型理论与约束求解的量纲分析方法，能够有效检查航天嵌入式软件中常见量纲问题；针对计算误差问题，提出了基于区间运算和程序自动重写的计算精度分析方法，实现了误差的自动分析。在此基础上，本项目研制了三个数据使用正确性检查 / 分析工具：程序数值性质分析工具 SpaceCAI、量纲检查工具 SpaceDIM 和计算精度分析工具 SpaceAED。

本项目提出了基于符号执行和模型检查技术的测试用例自动生成与执行方法，提高了航天软件测试的充分性，并研制了单元测试用例生成工具 SpaceCUT，大大降低了研制过程中测试环节的人力和时间投入。

针对程序缺陷定位精度问题，本项目提出了程序切片与程序谱相结合的缺陷定位方法和缺陷定位的工序适配方法，提高了缺陷定位的准确度和实用性。该方法构造了面向缺陷定位的轻量级近似动态后向切片算法，提出了结合程序逻辑和程序谱的软件缺陷定位方法，有效提高了定位准确度；面向维护活动在缺陷定位中引入错误场景和迭代反馈技术，提高了缺陷定位技术的实用性。本项目研制完成了基于切片的统计缺陷定位软件 SSFL，在基准数据集上对比 16 种典型定位方法，缺陷定位准确度平均提升了 41.6%。

（4）航天嵌入式软件控制行为建模验证

本项目根据实际工程需求，使用 Simulink/Stateflow 对航天器控制系统建模，并使用仿真技术进行分析；将 Simulink/Stateflow 模型转换为 HCSP 形式模型，从而实现对模型的形式验证；实现了从 HCSP 到 Simulink 图形模型的转换，从而在实际工程中可以灵活选择形式模型与非形式模型；为了方便航天器控制程序设计，提出了建模语言 SPARDL，并开发了相应分析与验证工具。

基于符号计算和数值计算，本项目提出了高效多项式不变量生成方法，并构造了相关工具；提出了非多项式混成系统抽象成多项式混成系统方法；首次提出了带时延动态系统和混成系统分析与验证方法；首次提出了非线性算术 Craig 差值生成方法；构建了航天器建模、分析和验证工具集 SpaceCMV。

航天器控制系统有各种不同的工作模式，这些模式之间的切换必须满足给定的需求规范（如安全性要求、能耗优化要求等）。针对这一问题，本项目提出了一种基于微分不变式生成的控制逻辑生成方法，该方法结合了符号计算的精确性和数值计算的可扩展性优势，避免了纯数值模拟导致的错误和误差，可以保证所生成控制逻辑的正确性。基于该方法，研制了控制逻辑生成工具 MARS。

本项目研制了基于扩展有限状态机（enhanced finite state machine，EFSM）的模式转换建模验证工具，可验证航天控制软件模式转换条件的完整性、无冗余性、确定性以及各模式的可达性。

（5）基于多维属性的嵌入式软件可信性分级度量评估

面向航天型号软件验收的实际需求，本项目设计了基于软件属性和出厂报告属性的可信度量模型、评估方法及工具，使得航天嵌入式软件实现了从定性出厂验收到量化分级验收的转变。

本项目提出了基于软件开发生命周期和软件可信多维属性的嵌入式软件可信度量模型与评估方法，将嵌入式软件可信特定属性与嵌入式软件开发过程相结合。该方法的特点包括：强调软件产品可信属性的满足程度，兼顾软件过程的影响；客观定量评估与主观量化评估相结合。

基于可信性度量与评估方法，本项目针对型号软件验收的实际需求，研究了航天嵌入式软件的验收评分标准，形成了北京控制工程研究所所标《航天器型号软件验收评分标准》，已在型号研制中应用；融合出厂评审属性和软件可信属性，制定了针对航天嵌入式软件的可信评估与增强指南，为航天嵌入式软件可信性设计提供了规范和依据；研制了基于《航天器型号软件验收评分标准》的可信度量评估工具 SpaceDME，对软件可信度量和量化出厂评审提供了工具支撑。

3.4.2　研究水平与突出贡献

本项目的主要技术进步点和创新点包括以下几方面。

①首次建立了覆盖软件研制全周期、以可信要素为核心的航天嵌入式

软件可信保障技术体系，研制了相应的可信保障集成环境 SpaceIDep，为系统地解决航天嵌入式软件可信性问题奠定了基础。相关成果申请国家发明专利 3 项（已授权 3 项），发表学术论文 4 篇，发表国防科技报告 2 篇。

②针对形式化建模和验证方法难以在航天嵌入式软件研制工程中得到有效应用的问题，提出了一种基于参数化描述的嵌入式软件时序建模方法，并通过面向路径的偏序约减方法来提高模型检验算法的性能，降低了建模难度，保障了模型的正确性和完整性，提高了模型检验的效率，在航天嵌入式软件中得到了应用。相关成果申请国家发明专利 4 项（已授权 3 项），发表学术论文 3 篇，获得软件著作权 1 项。

③针对程序实现正确性保障方面的问题，在缺陷预防上提出了航天 C 语言可信编程规范；在缺陷检测上，面向航天中断型程序提出了基于非凸抽象域的数值型缺陷检测方法以及基于函数摘要的数据访问冲突检测方法；在缺陷定位上提出了程序切片与程序谱相结合的缺陷定位方法，形成了一套系统的航天程序缺陷预防、检测和定位方法体系，达到了国际先进水平。在此基础上研制了程序实现正确性保障工具集，在航天型号研制中得到了广泛应用。相关成果申请国家发明专利 8 项（已授权 6 项），发表学术论文 27 篇，发表国防科技报告 2 篇，获得软件著作权 9 项。

④针对缺乏覆盖可信要素和研制过程的量化可信性度量方法问题，提出了结合开发过程、软件产品、可信要素、工具使用等多维属性的可信性分级度量模型和评估方法，基于此方法形成了《航天器型号软件验收评分标准》，为型号软件出厂专项评审从定性验收转向量化分级验收提供了科学、合理和有效的规范和依据。相关成果申请国家发明专利 1 项，发表学术论文 6 篇，获得软件著作权 2 项。

本项目在理论上的重大突破主要是控制行为建模验证方面的研究成果。针对航天器控制系统控制行为验证中的不变量生成、时延等关键问题，提出了基于变量替换的抽象方法，将这类系统转换成多项式混成系统，解决了含有超越函数的混成系统验证问题；提出了一种利用高阶 Lie

导数的多项式混成系统不变量生成方法，解决了现有方法不完备的问题；提出了一种基于区间算术和 Taylor 模型的时延微分方程自动验证方法，实现了对包含网络通信和其他原因带来时延的实际控制系统的验证。

在此基础上，研制了控制行为建模、分析与验证工具，并在航天系统工程中得到了实际应用。相关成果申请国家发明专利 3 项（已授权 1 项），发表学术论文 36 篇，发表国防科技报告 1 篇。这方面的研究成果得到了国外同行的高度评价，处于国际前沿水平。在混成系统不变量生成方面的研究，受到混成系统领域著名学者、美国十大科技新星、卡内基梅隆大学的 Andre Platzer 教授高度评价，其在论文 "Characterizing Algebraic Invariants by Differential Radical Invariants" 中，认为本项目的成果 "实质性地扩展了现有的 barrier certificate 验证混成系统的工作"；在混成系统不变量生成方面的研究，被著名计算机专家、爱丁堡大学的 Paul Jackson 教授等扩充到混成系统活性的验证；关于 Simulink/Stateflow 验证的工作，被美国伊利诺伊大学香槟分校的 Sanyan Mitra 教授、美国加利福尼亚大学伯克利分校的 Stavros Tripkis 教授、英国布里斯托大学的 Kerstin Eder 教授、法国 Verimag 实验室的 Goran Frehse 研究员等著名学者引用。

3.5　可信软件理论、方法集成与综合实验平台

现代信息社会对计算机系统的依赖，很大程度上体现为对软件的依赖。然而，软件的应用需求越来越多，复杂度越来越高，可用性要求越来越强，日趋庞大的软件系统越来越脆弱。因此，软件并不总是让人信任的，很多时候不以人们期望的方式工作，发生各种故障和失效，直接或间接地对用户造成巨大损害。我们称这类问题为 "软件可信性" 问题。

在各国政府推动下，国际上可信软件研究受到了学术界、工业界的高度重视。美国 DARPA、NSF、NASA 等机构都积极参与关于高可信软件和

系统的研究。美国国家软件发展战略（2006—2015 年）将开发高可信软件放在首位，并提出了下一代软件工程的构想。发达国家的政府组织、跨国公司、大型科研机构等已逐步认识到可信软件的巨大价值和前景，纷纷有针对性地提出相关研究计划。我国政府面向国家战略需求，对可信软件的研究给予了大力支持。"可信软件理论、方法集成与综合实验平台"集成项目从基础理论研究、目标导向的基础研究、高技术及其产业化等方面对可信软件的研究进行了宏观布局，在可信软件基础理论方面获得了一些基础性研究成果。软件可信性相关研究取得了较大进展，多项研究成果在多个领域的各类软件相关项目上得到初步应用，在可信软件技术产业化方面起到了促进作用。

本项目在"可信软件基础研究"重大研究计划前期研究成果的基础上，针对可信软件度量与建模、构造与验证、演化与控制等核心科学问题，以综合集成与创造提升为手段，从基础理论体系、方法与平台架构、典型应用示范等三方面对软件可信性进行了深入研究，取得了系统性与创新性研究成果。①在基础理论体系方面，提出了"元级—目标级"可信理论与方法体系，较好地集成和提升了现有各种可信性理论方法与技术，在基本机理与支撑机制方面有了新的提升。②在方法与平台架构方面，在基于认识与理解途径、主客观融合的评价方法、基于证据的过程保障、可信性需求知识体系、代码级工具能力测试、基础软件形式化验证等方面均取得了重要进展。③在典型应用示范方面，在安全攸关软件、网络化民生软件、软件开发全过程、操作系统形式化验证等方面取得了重要进展。本项目初步形成了一套软件可信性的理论、方法、平台与技术体系，并在若干领域进行示范应用，成效明显。

3.5.1　主要创新性工作

本项目以可信软件理论与方法集成为目标，针对可信软件的几个核心科学问题，以安全攸关嵌入式软件、网络化民生软件、系统软件等多类别载体为驱动，从认识与理解、主客观融合等认知途径探索软件可信机理与模型，加强软件全生存期的过程可信保障，深化需求可信、代码可信等关键质量支撑点，在可信理解与定义、软件开发与运行可信保障机制、目标软件载体可信展示三者之间建立了有机关联并形成了互动，在此基础上加以提炼升华，推动了可信软件理论从软件质量因素到可信认知空间的转变、从属性理论到综合信任理论的转变、从面向开发者到面向使用者的转换，从而形成了一套可信软件理论与方法集成体系，并开发了相应的综合试验平台，在嵌入式软件、基于网络的应用软件等载体上进行了试验验证，形成了示范应用。

本项目具体的特色与创新之处如下。

①元级—目标级可信软件理论整体框架的创新。从解决可信软件度量与建模、构造与验证、演化与控制等核心科学问题出发，将这三个科学问题解读为可信度量、可信评估、可信提升，从可信软件理论的角度，形成一套集成化的元级—目标级可信软件理论与方法体系，包括软件可信性基本内涵、基本特征、基本机理。

②元级化软件可信性综合集成框架 Meta-T。本项目在元级—目标级可信软件理论基础上，提出了元级化软件可信性综合集成框架 Meta-T，明确定义了可信评估、可信提升、可信保障、可信演化等在软件演化过程中可信提升的基本机理和思路。

③基于认识与理解途径研究软件可信性度量与评估体系。基于软件分析、测试和验证等认识与理论软件的直接途径，以安全攸关软件作为研究对象，研究可信性度量与评估体系和支撑技术，探索从认识、理解到信任的判定机理与模型，加强认识与理解过程中的复杂性控制，建立与软件分析、测试和验证途径直接关联的，反映软件系统满足需求程度和摆脱缺陷程度的多维度、多层次、动态开放的软件可信性度量与评估体系。

④融合主客观评价途径的一类网络化软件可信管理方法。针对当前网

络化民生应用及其后续形态的特点，给出了一套完整的主客观融合的可信管理方法，从应用后端可信构造保障到候选网络资源的可信评价与选取，再到个性化应用前端的可信综合估算，为网络化民生应用的可信保障提供了全方位的解决方法。

⑤综合人—系统—环境的可信需求建模和保障方法。针对可信软件涉及的三个基本元素——人、软件和环境，将软件的可信性落实为用户期望、软件行为以及环境性质三个方面。在此基础上，建立了关于软件可信性需求的知识体系，探索开放复杂环境中软件可信性需求的建模、分析及度量方法。

⑥基于证据理论的软件过程和产品可信性评价方法。软件开发具有很强的不确定性，这也导致了软件的可信性问题。基于证据的软件工程是近年研究的热点。但这些证据是离散的，对软件质量和可信性的贡献程度也是不同的。本项目基于证据理论，建立了软件过程和产品可信性的综合度量与评价方法及支撑平台。

⑦代码可信保障的基准方法。通过简历基准评测，对可信性保障技术的进步和工具的能力进行客观评价。

⑧基于形式化方法的系统软件可信构造与验证方法。本项目将形式化方法引入系统软件构造与验证，一方面基于模型驱动架构，研究刻画系统不同方面的模型转换和模型精化方法，研究刻画系统软件特定性质的形式语义和逻辑框架；另一方面，基于系统软件多维模型的一致性验证方法，针对系统软件，研究基于系统软件模型的调度性、性能分析方法，以及针对系统软件关键任务、核心模块的防崩溃验证方法。

⑨元级框架在综合应用领域的应用创新。一方面，本项目在模式化架构中进行了应用探索（主要是可信软件过程体系的建立）；另一方面，Meta-T 在包括航天嵌入式系统、网络化税务软件、网络化交易系统、列车控制系统、操作系统等具体企业架构中进行了探索。

3.5.2 研究水平与突出贡献

本项目团队已在国际期刊、国际学术会议和国内一级学报发表和录用高质量学术论文 218 篇。其中，在国际期刊发表论文 54 篇，包括著名国际期刊 *IEEE TSE* [1]（3 篇）、*ACM TOSEM* [2]、*ACM TOPLAS* [3]、*ACM TDAES* [4]、*IEEE TPDS* [5]（9 篇）、*IEEE TC* [6]（3 篇）、*IEEE TMC* [7]、*IEEE TKDE* [8]（3 篇）、*IST* [9]（9 篇）、*IEEE Software*（2 篇）、*JSS* [10]（4 篇）等；在国际学术会议发表论文 128 篇，包括旗舰国际会议 ICSE（7 篇）、FSE（8 篇）、ASE（8 篇）、OOPSLA [11]、POPL [12]、LICS [13]、IJCAI [14]、AAAI [15]、KDD [16]、CIKM [17]、DAC [18]（2 篇）、RTAS [19]、EMSOFT [20]、FORMATS 等；在国内一级学报发表论文 28 篇，包括《软件学报》（13 篇）、《计算机学报》（3 篇）、《中国科学》（11 篇）。本项目团队出版了专著《组合测试》和《软件测试的概念与方法》，并编辑了论文集 *IEEE 24th International Requirements Engineering Conference*（*RE 2016*），*16th Asian Symposium on Programming Languages and Systems*（*APLAS 2015*），以及《软件学报》"安全攸关软件系统建模与验证"专刊。此外，还研发了一批工具原型，获批技术发明专利 27 项，申请技术发明专利 45 项，

[1] IEEE TSE：IEEE Transactions on Software Engineering.
[2] ACM TOSEM：ACM Transactions on Software Engineering and Methodology.
[3] ACM TOPLAS：ACM Transactions on Programming Languages and Systems.
[4] ACM TDAES：ACM Transactions on Design Automation of Electronic Systems.
[5] IEEE TPDS：IEEE Transactions on Parallel and Distributed Systems.
[6] IEEE TC：IEEE Transactions on Computers.
[7] IEEE TMC：IEEE Transactions on Mobile Computing.
[8] IEEE TKDE：IEEE Transactions on Knowledge and Data Engineering.
[9] IST：Information and Software Technology.
[10] JSS：Journal of Systems and Software.
[11] OOPSLA：Object-Oriented Programming, Systems, Languages and Applications.
[12] POPL：Principles of Programming Languages.
[13] LICS：ACM/IEEE Symposium on Logic in Computer Science.
[14] IJCAI：International Joint Conferences on Artificial Intelligence.
[15] AAAI：Association for the Advancement of Artificial Intelligence.
[16] KDD：Knowledge Discovery and Data Mining.
[17] CIKM：Conference on Information and Knowledge Management.
[18] DAC：Design Automation Conference.
[19] RTAS：IEEE Real-Time and Embedded Technology and Applications Symposium.
[20] EMSOFT：International Conference on Embedded Software.

获批准软件著作权 18 项。

本项目团队高度重视项目成果的国际影响，依托项目承担单位，组织了系列国际会议、学术研讨会和暑期学校项目，邀请了多名海外专家来访，派出了多名团队成员到国际一流学术机构访问交流，部分研究工作取得了较好的国际影响。其中有 10 篇论文分别获得了 OOPSLA 2013 最佳论文奖、ACM SIGSOFT 杰出论文奖（ICSE 2014）、REFSQ[1] 2014 最佳论文奖、ICSSP[2] 2014 最佳论文奖、APSEC[3] 2014 最佳论文奖、RE 2015 最佳海报和工具演示奖、中国科学院优秀博士论文奖、中国计算机学会优秀博士论文奖、NASAC[4] 2010 最佳学生论文奖、ACM 中国优秀博士论文提名奖等。

本项目的人才培养也取得了显著进展。在项目执行期间，多名团队成员得到了成长，1 人入选中国科学院院士，1 人获国家自然科学基金委员会优秀青年科学基金资助，1 人获教育部"长江学者奖励计划"青年学者项目资助，1 人获"中创软件人才奖"，3 人获"东软 -NASAC 青年软件创新奖"。本项目共培养了博士生 36 人、硕士生 120 人。

本项目团队非常重视项目研究成果在重要领域的示范应用，部分技术与工具已在航空航天、轨道交通等领域进行示范应用，初见成效。基于本项目的研究成果，项目成员获得了国家国际科学技术合作奖一等奖 1 项、省部级科学技术奖一等奖 1 项、省部级科学技术二等奖 2 项。

---

[1] REFSQ：International Working Conference on Requirements Engineering Foundation for Software Quality.
[2] ICSSP：International Conference on Software and System Processes.
[3] APSEC：Asia-Pacific Software Engineering Conference.
[4] NASAC：National Software Application Conference.

第4章 展　望

4.1　国内存在的不足和战略需求

4.1.1　国内存在的不足

虽然本重大研究计划达到了预期目标，但从整个国际态势上看，我们在以下方面依然处于落后和跟跑的位置。

（1）可信软件理论一体化技术体系仍然存在不足

与国际上的可信软件研究相比，我国在可信软件技术层面有了显著进步，一批技术指标在国际上处于领跑或并跑的位置，但是不少进步仅属于增量式创新，主要体现在性能水平的提高，我国在一体化技术体系方面尚存在较大不足。例如，国内在适应开放环境的可信软件抽象和演算方面的研究比较少，与高可信软件密切相关的新型程序设计语言的研究几乎空白，在高阶 / 元级的程序变换和处理的能力较弱。这些革新型的基础理论和技术研究亟须加强。

（2）核心工具和基础数据方面积累不足

类似于高性能计算机系统与高性能微处理器的关系，可信软件领域的技术与工具依赖于强大高效的推理工具和软件基础数据。例如，模型检验能力往往依赖于 SMT 工具水平的发展；对系统软件开展形式验证必须依靠高阶定理证明工具；适应性监控需要积累大量的系统运行数据。基础性的核心工具的开发时间较长，通常需要数十年的工作积累，既有硬骨头理论问题，又有大规模的开发优化问题。基础数据（包括基础程序用例）的积累需要多方协同、共享、筛选，可信软件的基础数据和用例基本上来自国外，这种情况不利于我国可信软件的持续发展。此外，与国际研究机构相比，我国研究机构对国际标准的影响力还有很大的提升空间。

（3）可信软件与计算领域方向的交叉融合与需求相比还有不足

可信软件的发展与计算平台和应用水平密切相关。例如，从平台上看，我国可信环境构造与评估在端到端可信构造技术、新型计算与处理软硬件结合技术等方面与国际水平还存在一定差距。从应用场景看，在可信分布式软件监控与演化方面，目前国际分布式软件系统研究正在向信息物理紧密结合的大规模智慧系统（如物联网、云机器人系统等）过渡。不同于单纯的嵌入式系统，此类系统具有大型分布式系统的典型特征，但其与物理世界紧密结合的特点为其运行为监控和可信演化带来了一系列新的挑战。我国在这方面的技术水平略有落后。

（4）可信软件技术成果在多领域的转换上还存在不足

可信软件问题的解决没有"银弹"，须在长年的研究积累和应用实践中慢慢破解。尽管国外出现的开源和第三方可用的工具的可用性也不高，但本重大研究计划中研制的工具要想在多领域中开展应用并提供大范围服务，还有一定的差距。在示范应用中，大多是国家关键领域的应用，而可信软件是具有普遍性的，"普通"软件的可信性对用户体验来说十分重要，而且产业应用份额更大，在多领域中进行可信软件技术成果的转换辐射与广泛强烈的需求相比显得不足。因此，需要加强可信软件技术的公共服务功能。

4.1.2　战略需求

可信软件领域的战略需求主要包括两方面：将本重大研究计划的成果巩固、延伸、辐射和升华；使得软件发展驱动形成的可信软件对象、内涵、外延不断发展。在全球信息化的浪潮下，软件统治了世界，软件定义了未来，软件成了信息化世界的重要基石。要实现信息化和工业化高层次的深度融合，软件是主体，软件是各领域诸多创新的载体，需要在各行各业的创新中持续开发和维护。软件危机的中心从生产转到了质量，成为"信任危机"。"可信"是软件最核心的特性，"可信"与否刻画了软件"好不好"的性质，决定其能否成为信息化的基础设施——这成就了可信软件领域研究源源不断的需求。

软件发展的驱动力主要来自三个方面：现实问题空间、计算平台和人类思维方式。在未来"人机物"三元融合的世界中，软件将不可替代地成为其中的核心要素。为了快速应对复杂多样、动态多变的应用需求，信息基础设施的软件定义将成为必然选择，这将导致软件的基础设施化；为了应对大数据、智能化，以及连续反应式的应用带来的挑战，软件应具备更好支撑大数据的处理和管理的能力，以及更好提供智能化机制的能力。为了适应平台环境和应用模式的重大变化，软件系统正逐步呈现出柔性、多目标、连续反应式的新型的复杂软件系统形态，涌现出自主性、协同性、演化性、情境性、自发性等新的特征。软件质量的关注重点也开始从系统质量转移到使用质量，对可信度和服务质量的要求也更严格、更综合。要适应新的开放动态变化计算平台、新的无处不在的复杂快速应用需求以及互联网和大数据带来的新的思维模式，迫切需要可信软件理论、技术和方法的迅速发展。

面对现实应用不断增长的需求、计算平台复杂性以及人类思维社会化，要尽可能提高软件开发的效率和质量，追求更具表达能力的软件范型、更符合人类思维的构造方法、更为高效能的运行支撑以及更为科学的管理和综合评估方法。

可信软件的研究还面临着以下三个方面的挑战。

（1）计算平台发展对可信软件的挑战

计算系统基础设施正在发生重要变化，围绕计算系统、存储层次、能耗与性能管理等计算栈和系统软件向高效能发展，计算平台在为大数据、机器学习和人机交互的处理提供新的高效能支持，软件是这些变化的核心。多核体系结构和内存弱一致性使并发软件的程序设计与范型发生本质变化；软件定义和基础设施代码化使得计算平台软件化，而这类软件与传统软件有很大的不同；云计算和大数据处理的各类服务可信集成与成长需要新的软件模型、体系结构及设计模式；面向人工智能算法的计算平台的软件范型和可信开发方法还只是刚刚开始。此外，如何突破已有软件与新计算平台的迁移壁垒和复杂性，是可信性面向演化的重要问题。因而，应对计算平台变化、持续保证软件的可信性成为自然的挑战。

（2）现实应用发展对可信软件的挑战

社会方方面面的现实应用问题，要求在任何时候、任何地点能获得任何服务。而这些都由软件主导，软件正在重塑社会。社会对计算机的认识从冯·诺依曼计算机，到网络就是计算机，再到应用场景就是计算机。这些应用场景对于软件和软件可信性的要求在持续提高，且软件正在呈现出新的可信特征。典型的应用场景和方向包括自动驾驶、大规模在线课程、物联网、金融、生命科学、3D 打印等。自动驾驶在传统软件技术的基础上融合了机器学习软件，系统在高复杂性下的安全性、可靠性变得十分重要。物联网在软件体系结构、构件复用、节点互联和对等协同以及大量数据的封装和应用等方面要求可信性的构造和保证有新的方法。金融领域出现的比特币与区块链技术对分布软件的可信性认识和保障提出了新的需求。更进一步，工业 4.0 集信息物理融合系统、物联网和服务互联网为一体，其可信性，尤其是复杂系统呈现的智能性和涌现性，对可信的影响十分关键，亟须深入研究。

（3）人类思维发展对可信软件的挑战

控制驾驭软件的规模和复杂性增长，应对软件安全性、可靠性、生存性和持续性是可信软件的终极挑战。可信性与人类认知密切相关，因此，如何利用人类认识能力和组织能力的进步，是可信软件发展的关键。这包括服务于软件可信性的抽象和模型、复用和工具，数据分析和人工智能，新型的过程与合作机制，软件开发的敏捷方法和众包方法，连续提交和持续集成，以及开发和运维的集成。在互联网时代，人类通过社交网络社会化使得人类群体智慧的聚集和融合前所未有，基于群体智慧的软件开发对软件生产率和可信性提高而言，既是机遇，也是挑战。

总之，可信软件领域通过生产符合人们应用期望的软件，为产业提升和社会进步发挥了巨大作用。可信软件既面临着来自各方对软件不断增强驱动力的强大挑战，同时也是我国软件乃至信息科技创新跨越的机遇。持续投入可信软件领域，将大力推进新方法、工具、体系结构、系统、价值模型、过程和应用的进步，使我国在未来软件经济的浪潮中获得先机和优势。

4.2 深入研究的设想和建议

4.2.1 深入研究的设想

在韧性城市应急理论体系、智能型应急计算系统和主动智能的公共安全网的支撑下，要进一步完善个体和社区级别的物联网应急管理基础设施，建立基于公共安全立体化网络的国际应急标准体系；突破一案三制的应急管理模式，建立特大城市圈的应急管理体系；设计跨地域、跨国界、多部门交叉的区域化协同应急管理合作与共享模式，构建公共安全综合保障一体化平台，实现基于多行业资源深度融合和多领域技术集成应用的公共安全主动保障。

在基础理论方面，"信不信"依然是可信软件的核心内容。需要进一步突出可信性软件元理论方面的研究，包括元级层面表示、操纵、判定、评估等方面驾驭可信性的理论、方法和技术。以此为基础，在新型可信需求建模和程序设计语言、可信自适应的软件体系结构以及持续运行机理上形成基础性的突破，适应在开放、动态、多变环境中可信软件面临的挑战。特别地，面向未来软件系统持续演化，需要应对环境的不确定性和可变性，在部署后和运行时确保可信演化；软件技术要发展建立抽象化和形式化的方法，使得系统具有适应性、可定制、扩展性和可维性。

在应用基础研究方面，继续加强形式化和数据驱动的可信软件技术相结合方面的研究。一方面，形式化方法是可信性保证的基本方法，自动推理能力不断提高，形式化理论和方法正在向处理非确定、动态、开放的模型方法与技术方向发展。另一方面，软件及相关数据已成为一类综合性的大数据，"大代码"数据驱动的软件方法和技术成为可信软件技术快速发展的途径。当前，基于自动推理的形式化方法和基于机器学习的数据驱动方法将联合推动可信软件的发展。更进一步，互联网将成为联接人类智慧的平台。因此，希望从大量软件代码、提交、分支、缺陷、日志中提取软件知识，以基于开源软件的软件开发方法、基于群体智慧的软件开发方法等生态化、智能化软件开发方式，在可信软件的生产率、质量提高和成本控制上形成新的增长点。其中的挑战包括新的软件方法学、检测和消解矛盾技术、融合和反馈机制设计等。

在交叉学科研究方面，可信软件与人工智能的融合将成为热点。一方面，人工智能技术是可信软件的基础关键技术，例如自动定理证明、机器学习技术。另一方面，近来极具突出的新挑战是智能化软件的可信问题。智能化软件将是可信软件新形态的重要内涵。人们对智能化软件或者机器学习软件的可信性的认识还不清楚，比如人们对机器学习的可解释机理不清楚，传统软件的可信保障技术在机器学习软件中往往不再适用。针对智能化软件开展可信性研究成为亟须应对的挑战。

在应用牵引方面，软件定义一切，可信软件技术需要形成能力，并向多领域迁移转化。未来的研究重点是面向人机物融合的可信软件。人机物融合使得互联网延伸成为新的计算平台。在这个新的计算平台上，软件成为核心支柱，因泛在化而变得无所不在。同时，大数据及其应用成为重要特征，促成智能应用和智能开发。人机物融合将成为应用形态和产业能力的制高点，典型应用包括自动驾驶、机器人系统等。此外，高性能计算领域的软件可信性将在人类的科学工程发现和创新中占有愈发重要的位置。

4.2.2　下一步工作建议

（1）建设可信软件开发资源共享与服务平台，巩固和辐射本重大研究计划的成果

各类软件数据和软件工具的汇集是开展、促进、评价可信软件研究的

重要支撑。互联网、开源软件、软件开发社交网络、软件服务的发展，使得充分利用群体智慧，建立形成可信软件的开放数据、开放服务、合作开发成为可能。建议建设国家支持的可信软件开发资源共享与服务平台，提供海量软件资源的标注、分析、测试、评估等基础服务，积累可信软件资源、数据和知识，使之成为可信软件研究持续发展和成果展示的基础设施。

（2）设立"智能化软件可信的基础理论与方法"重大研究计划，开拓可信软件与人工智能交叉的新领域

建议设立一个为期十年的"智能化软件可信的基础理论与方法"重大研究计划，吸收"可信软件基础研究"重大研究计划的成功经验，面向智能软件与智能系统可信中的基础科学问题，在智能软件可信理论与度量评估、形式化方法与数据驱动方法的融合、可信软件工程与智能软件可信的交叉等基础理论上形成新的突破，在人机物融合智能软件范型、构造技术、运行支撑和可信评估等关键技术上有新的跨越，满足我国工业 4.0 和机器人等国家创新对智能化软件可信不断增长的急迫需求。

（3）尝试面上项目滚动申报和资助方式，对长期而艰难的基础研究予以持续支持

"可信软件基础研究"重大研究计划之中有一批长期而艰难的基础研究课题。有的难题已经研究了 40 余年，虽有进展，但仍未解决好。这样的难题在申报评审时往往落入"新意不够、进展不大"的困境，一些优秀的研究难免在竞争激烈的项目申报中只能处于中游位置。然而，这些问题一旦突破，其成果的影响力和辐射力很强，理论意义与应用价值很大。因此，如何设计一种合理的持续性支持机制，保护相对"陈旧"、需要耐心的难题的基础研究非常重要。建议尝试面上项目滚动申报和资助方式，希望对长期而艰难的基础研究予以持续支持。

参考文献

[1] 陈立前 , 王戟 , 刘万伟 . 基于约束的多面体抽象域的弱接合 . 软件学报 , 2010, 21(11): 2711-2724.

[2] 陈鑫 , 姜鹏 , 张一帆 , 等 . 一种面向列车控制系统中安全攸关场景的测试用例自动生成方法 . 软件学报 , 2015, 26(2): 269-278.

[3] 丁博 , 史殿习 , 王怀民 . 构建具备自适应能力的软件 . 软件学报 , 2013, 24(9): 1981-2000.

[4] 何炎祥 , 江南 , 李清安 , 等 . 一个机器检测的 Micro-Dalvik 虚拟机模型 . 软件学报 , 2015, 26(2): 364-379.

[5] 金大海 , 宫云战 , 杨朝红 , 等 . 运行时异常对软件静态测试的影响研究 . 计算机学报 , 2011, 34(6): 1090-1099.

[6] 李琳 , 毋国庆 , 黄勃 , 等 . 基于行为模型的需求可视化研究 . 计算机学报 , 2013, 36(6): 1312-1324.

[7] 饶翔 , 王怀民 , 陈振邦 , 等 . 云计算系统中基于伴随状态追踪的故障检测机制 . 计算机学报 , 2012, 5(15): 856-870.

[8] 王超 , 傅忠传 , 陈洪松 , 等 . 低代价锁步 EDDI：处理器瞬时故障检测机制 . 计算机学报 , 2012, 35(12): 2562-2572.

[9] 王守信 , 张莉 , 李鹤松 . 一种基于云模型的主观信任评价方法 . 软件学报 , 2010, 21(6): 1341-1352.

[10] 周筱羽 , 赵建华 , 顾斌 , 等 . 中断驱动控制系统的有界模型检验技术 . 软件学报 , 2015, 26(2): 239-253.

[11] Bai Z Z, Zhang L L. Modulus-based synchronous multisplitting iteration methods for linear complementarity problems. Numerical Linear Algebra with Applications, 2015, 20(1): 100-112.

[12] Bai Z Z. Rotated block triangular preconditioning based on PMHSS. Science China: Mathematics, 2013, 56(12): 2523-2538.

[13] Chen B, Peng X, Yu Y, et al. Self-adaptation through incremental generative model transformations at runtime. Proceedings of the 36th International Conference on Software Engineering (ICSE 2014), 2014.

[14] Chen L, Liu J, Antoine M, et al. An abstract domain to infer octagonal constraints with absolute value. International Static Analysis Symposium, 2016: 101-117.

[15] Chen L, Wang X, Liu C. An approach to improving bug assignment with bug tossing graphs and bug similarities. Journal of Software, 2011, 6(3): 421-427.

[16] Chen M, Bao Y, Fu X, et al. Efficient resource constrained scheduling using parallel two-phase branch-and-bound heuristics. IEEE Transactions on Parallel and Distributed Systems, 2017, 28(5): 1299-1314.

[17] Chen M, Mishra P. Property learning techniques for efficient generation of directed tests. IEEE Transactions on Computers, 2011, 60(6): 852-864.

[18] Chen X, Chen M, Jin X, et al. Face illumination transfer through edge-preserving filters. Proceedings of the 2011 IEEE Conference on Computer Vision and Pattern Recognition (CVPR 2011), 2011: 281-287.

[19] Chen Z X, Cao F L. The approximation operators with sigmoidal functions. Computers and Mathematics with Applications, 2009, 58(4): 758-765.

[20] Chen Z, Chen T Y, Xu B. A revisit of fault class hierarchies in general Boolean specifications. ACM Transactions on Software Engineering and Methodology, 2011, 20(3): 1-11.

[21] Dai L, Xia B, Zhan N. Generating non-linear interpolants by semidefinite programming. International Conference on Computer Aided Verification (CAV 2013), 2013: 364-380.

[22] David A, Larsen K G, Legay A, et al. Time for statistical model checking of real-time systems. Proceedings of the 23rd International Conference on Computer Aided Verification (CAV 2011), 2011: 349-355.

[23] Du Y, Jiang C, et al. A Petri net-based model for verification of obligations and accountability in cooperative systems. IEEE Transactions on Systems, Man, and Cybernetics, Part A: Systems and Humans, 2009, 39(2): 299-308.

[24] Fan X Q, Fang X W, Jiang C J. Research on web service selection based on cooperative evolution. Expert Systems with Applications, 2011, 38(8): 9736-9743.

[25] Guo Q, Din M S E, Zhi L. Computing rational solutions of linear matrix inequalities. Proceedings of the 38th International Symposium on Symbolic and Algebraic Computation (ISSAC 2013), 2013: 197-204.

[26] Guo X, Zhou M, Song X, et al. First, debug the test oracle. IEEE Transactions on Software Engineering, 2015, 41(10): 1.

[27] He F, Gao X, Wang M, et al. Learning weighted assumptions for composition verification of Markov decision processes. ACM Transactions on Software Engineering and Methodology, 2016, 25(3): 21.

[28] He F, Song X, Hung W N N, et al. Integrating evolutionary computation with abstraction refinement for model checking. IEEE Transactions on Computers: 2010, 59(1): 116-126.

[29] He F, Wang B Y, Yin L, et al. Symbolic assume-guarantee reasoning through BDD learning. Proceedings of the 36th International Conference on Software Engineering (ICSE 2014), 2014: 1071-1082.

[30] He Z, Peters F, Menzies T, et al. Learning from open-source projects: An empirical study on defect prediction. The ACM/IEEE International Symposium on Empirical Software Engineering and Measurement (ESEM 2013), 2013: 45-54.

[31] He Z, Shu F, Yang Y, et al. An investigation on the feasibility of cross-project defect prediction. Automated Software Engineering, 2012, 19(2): 167-199.

[32] Jiang Y, Gu T, Xu C, et al. CARE: Cache guided deterministic replay for concurrent Java programs. Proceedings of the 36th International Conference on Software Engineering (ICSE 2014), 2014: 457-467.

[33] Jing X, Wu F, Dong X, et al. Heterogeneous cross-company defect prediction by unified metric representation and CCA-based transfer learning. Proceedings of the 2015 10th Joint Meeting on Foundations of Software Engineering (FSE 2015), 2015: 496-507.

[34] Li N, Zhi L. Verified error bounds for isolated singular solutions of polynomial systems: case of breadth one. SIAM Journal on Numerical Analysis, 2014, 52(4): 1623-1640. Theoretical Computer Science, 2013, 479: 163-173.

[35] Li Q, Li J, Shi L, et al. Compiler-assisted refresh minimization for volatile STT-RAM cache. IEEE Transactions on Computers, 2015, 64(8): 2169-2181.

[36] Li X, Jia Z, Zhang P, et al. Trust-based on-demand multipath routing in mobile ad hoc networks. Journal of Institution of Engineering and Technology (IET) Information Security, 2010, 4(4): 212-232.

[37] Li Z, Wang C, Yang S, et al. LASS: Local-activity and social-similarity based data forwarding in mobile social networks. IEEE Transactions on Parallel and Distributed Systems, 2015, 26(1): 174-184.

[38] Liang B, Bian P, Zhang Y, et al. AntMiner: mining more bugs by reducing noise interference. Proceedings of the 38th International Conference on Software Engineering (ICSE 2016), 2016: 333-344.

[39] Liang H, Feng X, Fu M. Rely-guarantee-based simulation for compositional

verification of concurrent program transformations. ACM Transaction on Programming Languages and Systems, 2014, 36(1).

[40] Liang H, Feng X. A program logic for concurrent objects under fair scheduling. Proceedings of the 43rd Annual ACM SIGPLAN-SIGACT Symposium on Principles of Programming Languages (POPL 2016), 2016: 385-399.

[41] Liang Z, Fränzle M, Zhan N, et al. Automatic verification of stability and safety for delay differential equations. International Conference on Computer Aided Verification (CAV 2015), 2015: 338-355.

[42] Liu G, Jiang C, Zhou M. Process nets with channels. IEEE Transactions on Systems, Man, and Cybernetics, Part A: Systems and Humans, 2012, 42(1): 213-225.

[43] Liu G, Jiang C, Zhou M. Two simple deadlock prevention policies for S3PR based on key-resource/operation-place pairs. IEEE Transactions on Automation Science and Engineering, 2010, 7(4): 945-957.

[44] Liu J, Tang M, Zheng Z, et al. Location-aware and personalized collaborative filtering for Web service recommendation. IEEE Transactions on Services Computing, 2016, 9(5): 686-699.

[45] Liu J, Zhan N, Zhao H. Computing semi-algebraic invariants for polynomial dynamical system. Proceedings of the 9th ACM International Conference on Embedded Software (EMSOFT 2011), 2011: 97-106.

[46] Liu W, Du Y Y, Yan C. Soundness preservation in composed logical time workflow nets. Enterprise Information Systems, 2012, 6(1): 95-113.

[47] Liu X, Ma Y, Huang G, et al. Data-Driven Composition for Service-Oriented Situational Web Applications. IEEE Transactions on Services Computing, 2015, 8(1): 2-16.

[48] Liu Y, Duan Z, Tian C. A decision procedure for a fragment of linear time mu-calculus. 25th International Joint Conference on Artificial Intelligence (IJCAI 2016), 2016: 1195-1201.

[49] Mei H, Hao D, Zhang L, et al. A static approach to prioritizing JUnit test cases. IEEE Transactions on Software Engineering, 2012, 38(6): 1258-1275.

[50] Mi H, Wang H, Zhou Y, et al. Towards fine-grained scalable performance diagnosis for production cloud computing systems. IEEE Transactions on Parallel and Distributed Systems, 2013, 24(6): 1245-1255.

[51] Mu K, Liu W, Jin Z. A general framework for measuring inconsistency through minimal inconsistent sets. Knowledge and Information Systems, 2011, 27(1): 85-114.

[52] Nie C, Leung H. A survey of combinatorial testing. ACM Computing Surveys, 2011, 43(2): 1-29.

[53] Nie C, Leung H. The minimal failure-causing schema of combinatorial testing. ACM Transactions on Software Engineering and Methodology, 2011, 20(4): 1-38.

[54] Pan M, Bu L, Li X. TASS: Timing analyzer of scenario-based specifications. Proceedings of the 21st International Conference on Computer Aided Verification (CAV 2009), 2009: 689-695.

[55] Peng X, Chen B, Yu Y, et al. Self-tuning of software systems through goal-based feedback loop control. Proceedings of the 2010 18th IEEE International Requirements Engineering Conference (RE 2010), 2010: 104-107.

[56] Peng X, Chen B, Yu Y, et al. Self-tuning of software systems through dynamic quality tradeoff and value-based feedback control loop. Journal of Systems and Software, 2012, 85(12): 2707-2719.

[57] Shu Q, Qiu Z, Wang S. Confinement framework for encapsulating objects. Frontiers of Computer Science, 2013, 7(2): 236-256.

[58] Tang X, Jiang C, Zhou M. Automatic web service composition based on Horn clauses and Petri nets. Expert Systems with Applications, 2011, 38(10): 13024-13031.

[59] Tian Z, Zheng Q, Liu T, et al. Software plagiarism detection with birthmarks based on dynamic key instruction sequences. IEEE Transactions on Software Engineering, 2015, 41(12): 1217-1235.

[60] Wan H, Huang C, Wang Y, et al. Modeling and validation of a data process unit control for space applications. Embedded Real Time Software and Systems, 2012.

[61] Wang B, Song W, Lou W, et al. Inverted index based multi-keyword public-key searchable encryption with strong privacy guarantee. Proceedings of the IEEE International Conference on Computer Communications, 2015: 2092-2100.

[62] Wang C, Fu Z C, Chen H S, et al. Characterizing the effects of intermittent faults on a processor for dependability enhancement strategy. The Scientific World Journal, 2014(2014): 1-12.

[63] Wang H M, Ding B, Shi D X, et al. Auxo: An architecture-centric framework supporting the online tuning of software adaptivity. Science China: Information Science, 2015, 58(9): 1-15.

[64] Wang H, Liu T, Guan X, et al. Dependence guided symbolic execution. IEEE Transactions on Software Engineering, 2017, 43(3): 252-271.

[65] Wang J, Kuang Z, Xu X, et al. Discrete particle swarm optimization based on estimation of distribution for polygonal approximation problems. Expert Systems with Applications, 2009, 36(5): 9398-9408.

[66] Wang J, Wang S, Cui Q, et al. Local-based active classification of test report to assist crowdsourced testing. Proceedings of the 31st IEEE/ACM International Conference on Automated Software Engineering (ASE 2016), 2016: 190-201.

[67] Wang J, Zhou X, Ding J. Software architectural modeling and verification: a Petri net and temporal logic approach. Transactions of the Institute of Measurement and Control, 2011, 33(1): 168-181.

[68] Wang L, Jiang X, Lian S, et al. Image authentication based on perceptual hash using Gabor filters. Soft Computing, 2011, 15(3): 493-504.

[69] Wang M, Tian C, Duan Z. Full regular temporal property verification as dynamic program execution. IEEE/ACM 39th International Conference on Software Engineering Companion (ICSE-C 2017), 2017: 226-228.

[70] Wang P, Ding Z, Jiang C, et al. Automated web service composition supporting conditional branch structures. Enterprise Information Systems, 2011, 8(1): 26.

[71] Wang S X, Zhang L, Wang S, et al. A cloud-based trust model for evaluating quality of web services. Journal of Computer Science and Technology, 2010, 25(6): 1157-1167.

[72] Wang S, Wu W, Zhang Y, et al. Transitions as Transactions. Proceedings of the International Workshop on Petri Nets and Software Engineering (PNSE 2011), 2011: 136-151.

[73] Wang W, Zeng G, Tang D. Using evidence based content trust model for spam detection. Expert Systems with Applications, 2010, 37(8): 5599-5606.

[74] Wang X, Zhang L, Xie T, et al. Automating presentation changes in dynamic web applications via collaborative hybrid analysis. Proceedings of the ACM SIGSOFT 20th International Symposium on the Foundations of Software Engineering (FSE 2012), 2012.

[75] Wei B, Jin Z, Zowghi D. An automatic reasoning mechanism for NFR goal models. Proceedings of the 2011 5th International Conference on Theoretical Aspects of Software Engineering (TASE 2011), 2011: 52-59.

[76] Wu Y, Yan C G, Ding Z, et al. A novel method for calculating service reputation. IEEE Transactions on Automation Science and Engineering, 2013, 10(3): 634-642.

[77] Wu Y, Yan C G, Liu L, et al. An adaptive multilevel indexing method for disaster service discovery. IEEE Transactions on Computers, 2015, 64(9): 2447-2459.

[78] Xia B, Zhang Z. Termination of linear programs with nonlinear constraints. Journal of Symbolic Computation, 2010, 45(11): 1234-1249.

[79] Xie L, Sheng B, Tan C C, et al. Efficient tag identification in mobile RFID systems. Proceedings of the IEEE International Conference on Computer Communications, 2010: 1001-1009.

[80] Xie X, Chen B, Liu Y, et al. Proteus: computing disjunctive loop summary via path dependency analysis. Proceedings of the 2016 24th ACM SIGSOFT International Symposium on Foundations of Software Engineering (FSE 2016), 2016: 61-72.

[81] Xie X, Chen T Y, Kuo F C, et al. A theoretical analysis of the risk evaluation formulas for spectrum-based fault localization. ACM Transactions on Software Engineering and Methodology, 2013, 22(4).

[82] Xie X, Liu Z, Song S, et al. Revisit of automatic debugging via human focus-tracking analysis. Proceedings of the 38th International Conference on Software Engineering

(ICSE 2016), 2016: 808-819.

[83]   Xu C, Xi W, Cheung S C, et al. CINA: Suppressing the detection of unstable context inconsistency. IEEE Transactions on Software Engineering, 2015, 41(9): 842-865.

[84]   Xu F, Fu M, Feng X, et al. A practical verification framework for preemptive OS kernels. Proceedings of the 28th International Conference on Computer Aided Verification (CAV 2016), 2016: 59-79.

[85]   Xu Z, Zhang X, Chen L, et al. Python probabilistic type inference with natural language support. Proceedings of the 2016 24th ACM SIGSOFT International Symposium on Foundations of Software Engineering (FSE 2016), 2016: 607-618.

[86]   Yan H, Wang H, Li X, et al. Cost-efficient consolidating service for Aliyun's cloud-scale computing. IEEE Transactions on Services Computing, 2018.

[87]   Yang Q, Li M. A cut-off approach for bounded verification of parameterized systems. Proceedings of the 32nd ACM/IEEE International Conference on Software Engineering (ICSE 2010), 2010: 345-354.

[88]   Yang Y, Zhou Y, Liu J, et al. Effort-aware just-in-time defect prediction: simple unsupervised models could be better than supervised models. Proceedings of the 2016 24th ACM SIGSOFT International Symposium on Foundations of Software Engineering (FSE 2016), 2016: 157-168.

[89]   Yang Y, Zhou Y, Lu H, et al. Are slice-based cohesion metrics actually useful in effort-aware post-release fault-proneness prediction? An empirical study. IEEE Transactions on Software Engineering, 2015, 41(4): 331-357.

[90]   Yang Z, Lin W, Wu M. Exact verification of hybrid systems based on bilinear SOS representation. ACM Transactions on Embedded Computing Systems, 2015, 14(1).

[91]   Yin L, He F, Hung W N N, et al. Maxterm covering for satisfiability. IEEE Transactions on Computers, 2012, 61(3): 420-426.

[92]   You L, Su Z, Wang L, et al. Steering symbolic execution to less traveled paths. Proceedings of the 2013 ACM SIGPLAN International Conference on Object Oriented Programming Systems Languages & Applications (OOPSLA 2013), 2013: 19-32.

[93]   You W, Liang B, Shi W, et al. Reference hijacking: patching, protecting and analyzing on unmodified and non-rooted android devices. Proceedings of the 38th International Conference on Software Engineering (ICSE 2016), 2016: 959-970.

[94]   Yu F, Zhang H, Zhao B, et al. A formal analysis of Trusted Platform Module 2.0 hash-based message authentication code authorization under digital rights management scenario. Security and Communication Networks, 2015, 9(15): 2802-2815.

[95]   Yu W Y, Yan C G, Ding Z J, et al. Modeling and validating e-commerce business process based on Petri nets. IEEE Transactions on Systems, Man, and Cybernetics: Systems, 2014, 44(3): 327-341.

[96]   Yuan Y, Liu C. DISWOP: A novel scheduling algorithm for data-intensive workflow

optimizations. IEICE Transactions on Information and Systems, 2012, E95D(7): 1839-1846.

[97] Zhan N, Majster-Cederbaum M. On hierarchically developing reactive systems. Information and Computation, 2010, 208(9): 997-1019.

[98] Zhang B, Chao X, Feng D. Real time cryptanalysis of bluetooth encryption with condition masking (extended abstract). Advances in Cryptology, 2013: 165-182.

[99] Zhang C, Yang J, Zhang Y, et al. Automatic parameter recommendation for practical API usage. Proceedings of the 34th International Conference on Software Engineering (ICSE 2012), 2012: 826-836.

[100] Zhang L, Wu W, Sui H, et al. 3kf9: Enhancing 3GPP-MAC beyond the birthday bound. Proceedings of the 18th International Conference on the Theory and Application of Cryptology and Information Security (ASIACRYPT 2012), 2012: 296-312.

[101] Zhang P, Muccini H, Polini A, et al. Run-time systems failure prediction via proactive monitoring. Proceedings of the 2011 26th IEEE/ACM International Conference on Automated Software Engineering (ASE 2011), 2011: 484-487.

[102] Zhang R, Jia Z, Xu X. Nodes deployment mechanism based on energy efficiency in wireless sensor networks. International Journal of Distributed Sensor Networks, 2009, 5(1): 99.

[103] Zhang X, Leucker M, Dong W. Runtime verification with predictive semantics. NASA Formal Methods, 2012: 418-432.

[104] Zhong H, Xie T, Zhang L, et al. MAPO: mining and recommending API usage patterns. Proceedings of 23rd European Conference on Object-Oriented Programming (ECOOP 2009), 2009: 318-343.

[105] Zhong H, Zhang L, Xie T, et al. Inferring resource specifications from natural language API documentation. Proceedings of the 2009 IEEE/ACM International Conference on Automated Software Engineering (ASE 2009), 2009: 307-318.

[106] Zhou J, Zeng G. A mechanism for grid service composition behavior specification and verification. Future Generation Computer Systems, 2009, 25(3): 378-383.

[107] Zhou M, Mockus A. Who will stay in the FLOSS community? Modeling participant's initial behavior. IEEE Transactions on Software Engineering, 2015, 41(1): 82-99.

[108] Zhou Y, Leung H K N, Xu B. Examining the potentially confounding effect of class size on the associations between object-oriented metrics and change-proneness. IEEE Transactions on Software Engineering, 2009, 35(5): 607-623.

[109] Zhu J, Zhou M, Mockus A. Effectiveness of code contribution: from patch-based to pull-request-based tools. Proceedings of the 2016 24th ACM SIGSOFT International Symposium on Foundations of Software Engineering (FSE 2016), 2016: 871-882.

成果附录

附录 1　重要论文目录

本重大研究计划参研人员共发表期刊论文 2641 篇，包括权威国际期刊论文 1046 篇，国内核心期刊论文 732 篇；SCI 检索收录 803 篇，EI 检索收录 1495 篇，ISTR 检索收录 291 篇，ISR 检索收录 8 篇。举办国际学术会议 120 次，国内学术会议 78 次；在国际学术会议做特邀报告 75 次，在全国性学术会议做特邀报告 57 次。出版外文专著 52 部、中文专著 55 部，待出版中文专著 8 部。

1. Nie C, Leung H. A survey of combinatorial testing. ACM Computing Surveys, 2011, 43(2): 1-29.

2. Zhong H, Xie T, Zhang L, et al. MAPO: mining and recommending API usage patterns. Proceedings of 23rd European Conference on Object-Oriented Programming (ECOOP 2009), 2009: 318-343.

3. Li X, Jia Z, Zhang P, et al. Trust-based on-demand multipath routing in mobile ad hoc networks. Journal of Institution of Engineering and Technology (IET) Information Security, 2010, 4(4): 212-232.

4. Zhong H, Zhang L, Xie T, et al. Inferring resource specifications from natural language API documentation. Proceedings of the 2009 IEEE/ACM International Conference on Automated Software Engineering (ASE 2009), 2009: 307-318.

5. Xie L, Sheng B, Tan C C, et al. Efficient tag identification in mobile RFID systems. Proceedings of the IEEE International Conference on Computer Communications, 2010: 1001-1009.

6. Xie X, Chen T Y, Kuo F C, et al. A theoretical analysis of the risk evaluation formulas for spectrum-based fault localization. ACM Transactions on Software Engineering and Methodology, 2013, 22(4).

7. He Z, Shu F, Yang Y, et al. An investigation on the feasibility of cross-project defect prediction. Automated Software Engineering, 2012, 19(2): 167-199.

8. Mei H, Hao D, Zhang L, et al. A static approach to prioritizing JUnit test cases. IEEE Transactions on Software Engineering, 2012, 38(6): 1258-1275.

9. Zhou Y, Leung H K N, Xu B. Examining the potentially confounding effect of class size on the associations between object-oriented metrics and change-proneness. IEEE Transactions on Software Engineering, 2009, 35(5): 607-623.

10. Chen Z X, Cao F L. The approximation operators with sigmoidal functions. Computers and Mathematics with Applications, 2009, 58(4): 758-765.

11. Fan X Q, Fang X W, Jiang C J. Research on web service selection based on cooperative evolution. Expert Systems with Applications, 2011, 38(8): 9736-9743.

12. Bai Z Z, Zhang L L. Modulus-based synchronous multisplitting iteration methods for linear complementarity problems. Numerical Linear Algebra with Applications, 2015, 20(1): 100-112.

13. Mi H, Wang H, Zhou Y, et al. Towards fine-grained scalable performance diagnosis for production cloud computing systems. IEEE Transactions on Parallel and Distributed Systems, 2013, 24(6): 1245-1255.

14. Nie C, Leung H. The minimal failure-causing schema of combinatorial testing. ACM Transactions on Software Engineering and Methodology, 2011, 20(4): 1-38.

15. Liu J, Zhan N, Zhao H. Computing semi-algebraic invariants for polynomial

dynamical system. Proceedings of the 9th ACM International Conference on Embedded Software (EMSOFT 2011), 2011: 97-106.

16. Liu G, Jiang C, Zhou M. Process nets with channels. IEEE Transactions on Systems, Man, and Cybernetics, Part A: Systems and Humans, 2012, 42(1): 213-225.

17. Peng X, Chen B, Yu Y, et al. Self-tuning of software systems through dynamic quality tradeoff and value-based feedback control loop. Journal of Systems and Software, 2012, 85(12): 2707-2719.

18. Wu Y, Yan C G, Ding Z, et al. A novel method for calculating service reputation. IEEE Transactions on Automation Science and Engineering, 2013, 10(3): 634-642.

19. He Z, Peters F, Menzies T, et al. Learning from open-source projects: An empirical study on defect prediction. The ACM/IEEE International Symposium on Empirical Software Engineering and Measurement (ESEM 2013), 2013: 45-54.

20. Chen Z, Chen T Y, Xu B. A revisit of fault class hierarchies in general Boolean specifications. ACM Transactions on Software Engineering and Methodology, 2011, 20(3): 1-11.

（按他引次数排序）

附录 2　获得国家科学技术奖励项目

"可信软件基础研究"获得国家科学技术奖励项目一览表

项目批准号	获奖项目名称	完成人（排名）	完成单位	获奖项目编号	获奖类别	获奖等级	获奖年份
91118004	全生命周期软件体系结构建模理论与方法	梅宏（1）黄罡（2）张路（3）张伟（4）	北京大学	2012-Z-107-2-03	Z	国家二等奖	2012
90818022	网构软件技术、平台与应用	吕建（1）李宣东（2）	南京大学	2011-J-220-2-07	J	国家二等奖	2011
90818028	面向互联网的虚拟计算环境	王怀民（1）	国防科学技术大学	2012-J-220-2-04	J	国家二等奖	2012
91118008	车辆联网感知与智能驾驶服务关键技术及应用	沃天宇（2）	北京航空航天大学	2015-J-223-2-04	J	国家二等奖	2015
90818023	基于虚拟超市技术的大规模网络资源管理及其应用	蒋昌俊（1）曾国荪（6）	同济大学	2010-F-220-2-01	F	国家二等奖	2010
90718015	基于虚拟超市技术的大规模网络资源管理及其应用	蒋昌俊（1）曾国荪（6）	同济大学	2010-F-220-2-01	F	国家二等奖	2010
90818028	基于移动位置数据的城市出行信息服务关键技术与应用	吕卫锋（1）	北京航空航天大学	2016-F-30902-2-02	F	国家二等奖	2016
91118008	基于网络的软件开发群体化方法及核心技术	王怀民（1）	国防科学技术大学、北京大学、北京航空航天大学、中国科学院软件研究所	2015-F-30901-2-03	F	国家二等奖	2015
91118008	基于移动位置数据的城市出行信息服务关键技术与应用	吕卫锋（1）	北京航空航天大学	2016-F-30902-2-02	F	国家二等奖	2016

续表

项目批准号	获奖项目名称	完成人（排名）	完成单位	获奖项目编号	获奖类别	获奖等级	获奖年份
91218301	网络交易支付系统风险防控关键技术及其应用	蒋昌俊（1）	同济大学、支付宝、中国科学院计算技术研究所等	2016-J-220-2-04-R01	J	国家二等奖	2016
90718037	轿车整车自主开发系统的关键技术研究及其工程应用	杨善林（2）	合肥工业大学	2008-J-216-2-06	J	国家二等奖	2008
90718004	Jean Raymond Abrial	朱惠彪（1）	华东师范大学	2016-HZ-05	HZ	国际科学技术合作奖	2016

注：1. 承担项目的专家获得国家级科技奖励共计 12 项，其中国家自然科学奖励 4 项，国家技术发明奖二等奖 5 项，国家科学技术进步奖二等奖 1 项，国家自然科学奖二等奖 1 项，国际科学技术合作奖 1 项。此外，获得国际科学技术合作奖 1 项，国家国际科学技术合作奖 16 次（包括国际科学技术合作奖 1 次）。表中只列出了与本重大研究计划资助项目有关的完成人；括号中为排名顺序。

2. "Z" 代表国家自然科学奖，"J" 代表国家科学技术进步奖，"F" 代表国家技术发明奖，"HZ" 代表国际科学技术合作奖。

附录 3 代表性发明专利

"可信软件基础研究"代表性发明专利一览表

项目批准号	发明名称	发明人（排名）	专利号	专利申请时间	专利权人	授权时间
91118006	基于代理重加密的安全芯片的数据广播分发保护方法	冯登国（1）	ZL201310027966.X	2013-01-24	中国科学院软件研究所	2015-10-28
91118006	一种可信虚拟平台及其构建方法、平台之间数据迁移方法	常德显（1）	ZL201310072657.4	2013-03-07	中国科学院软件研究所	2016-07-06
91118003	一种基于缺陷检测的软件安全风险评估方法	李晓红（1）	CN103984623B	2014-04-28	天津大学	2017-01-25
91118003	一种用于软件合作开发间层模型的设计方法	何浚祥（1）	CN103777965B	2014-02-24	武汉大学	2016-08-17
90818026	非功能需求实现策略的量化选择方法	金芝（1）	CN201510119570.7	2015-03-18	北京大学	2019-01-18
91118004	面向软件体系结构模型的可信性评估方法	黄林鹏（1）	CN104679650A	2015-02-03	上海交通大学	2015-06-03
91218302	MVB网卡开发方法及平台	孙家广（1）	CN103514074	2013-09-06	清华大学	2015-12-09
91218302	基于ARM的MVB总线管理功能实现系统	孙家广（1）	CN103513596	2013-08-29	清华大学	2015-12-09
91218302	一种针对返工预测软件开发成本和执行时间的方法	翟健（1）	CN102103501	2010-12-14	中国科学院软件研究所	2014-01-15

续表

项目批准号	发明名称	发明人（排名）	专利号	专利申请时间	专利权人	授权时间
91118008	获取基于 SaaS 的交互式程序的交互强度的方法	胡春明（1）	ZL201210477668.6	2012-11-21	北京航空航天大学	2015-05-20
91118008	虚拟机客户操作系统内真实进程信息的探测方法	王怀民（1）	ZL201410147934.8	2014-07-09	国防科学技术大学	2017-01-18
91218301	Software Behavior Monitoring and Verification System	Changjun Jiang（1）	AU2014101545A4	2014-06-23	Tongji University	2015-07-02
91218301	System and Method for Authenticating Network Transaction Trustworthiness	Changjun Jiang（1）	AU2017100011A4	2014-12-31	Tongji University	2017-01-19
91218301	基于用户行为模式的身份认证系统及其方法	蒋昌俊（1）	CN103699823B	2014-01-08	同济大学	2017-01-25
91218301	基于直觉模糊集的纳税人利益关联度评估方法	郑庆华（1）	CN104112074B	2014-07-15	西安交通大学	2016-01-13
91318301	一种基于令牌的支持并发侧面编程的 BPEL 扩展实现方法	吕建（1）	201410784693.8	2015-04-15	南京大学	2017-03-22
91318301	一种基于用户执行踪迹重放的移动应用测试方法	马晓星（1）	201410364808.8	2014-04-29	南京大学	2017-02-15
91318301	基于图形处理器的并行化约束检测方法	许畅（1）	201410358441-9	2014-07-25	南京大学	2017-04-17

续表

项目批准号	发明名称	发明人（排名）	专利号	专利申请时间	专利权人	授权时间
91318301	一种智能手机应用交互界面程序可用性测试方法	王林章（1）	201310213761.0	2013-06-03	南京大学	2015-05-13
91318301	基于抽象解释的多中断程序数据访问冲突检测方法	文艳军（1）	201410031451.1	2014-01-24	国防科学技术大学	2016-08-17
91118007	一种井发中断驱动软件系统的时序确定方法	杨孟飞（1）	ZL201310751632.7	2013-12-31	北京控制工程研究所	2015-04-22
91118007	一种用于集成环境的多层软件总线结构	杨孟飞（1）	ZL201310751618.7	2013-12-31	北京控制工程研究所	2015-07-08
91118007	一种保障1553B总线通信时序正确性的时序确定方法	顾斌（1）	ZL201310751624.2	2013-12-31	北京控制工程研究所	2016-03-30
91118007	基于抽象解释的多中断程序数据访问冲突检测方法	文艳军（1）	ZL201410031451.1	2014-01-23	中国人民解放军国防科学技术大学	2016-08-17
91118007	一种具有故障预测能力的时序属性监控方法	董威（1）	ZL201310092085.6	2013-03-21	中国人民解放军国防科学技术大学	2016-06-08

注：1. 承担项目的专家已申请国家发明专利433项，授权国家发明专利236项；申请国外发明专利21项，授权国外发明专利9项；形成可推广成果17项，已推广成果94项；经济效益超过9640万元；形成软件/数据库143项；获得鉴定及其他成果28项。表中只列举了由本重大研究计划资助、已获授权的代表性发明专利25项。

2. 只列举了与本重大研究计划资助项目有关的发明人，括号中为排名顺序。

90

附录 4 人才队伍培养与建设情况

本重大研究计划参研人员中，4 人（怀进鹏、梅宏、吕建、杨孟飞）当选中国科学院院士，2 人（杨善林、陈晓红）当选中国工程院院士；培养国家杰出青年科学基金获得者 5 人（陈小武、张路、詹乃军、王建民、李克秋），教育部"长江学者奖励计划"教授 3 人（陈小武、王怀民、张路），教育部"长江学者奖励计划"青年学者 2 人（何良华、郝丹），国家"千人计划"获得者 4 人（吴俊、周笑波、赵生捷、张师超），国家"青年千人计划"获得者 3 人（刘庆文、杨恺、王胤），国家优秀青年科学基金获得者 4 人（马帅、王瀚漓、田聪、郝丹）。有 3 位项目负责人（怀进鹏、梅宏、吕建）当选中国科学院院士，2 位项目负责人（杨善林、陈晓红）当选中国工程院院士，4 位项目负责人（王怀民、冯登国、杨孟飞、蔡开元）进入中国科学院院士增选候选人名单。培养博士 494 人，硕士 1411 人，出站博士后 45 人。

索　引

（按拼音排序）

图书在版编目（CIP）数据

可信软件基础研究 ／ 可信软件基础研究项目组编
. — 杭州：浙江大学出版社，2018.12
ISBN 978-7-308-18871-5

Ⅰ.①可… Ⅱ.①可… Ⅲ.①软件工具－研究 Ⅳ.
①TP311.56

中国版本图书馆 CIP 数据核字（2018）第 293752 号

可信软件基础研究

可信软件基础研究项目组　编

丛书统筹	国家自然科学基金委员会科学传播中心
策划编辑	徐有智　许佳颖
责任编辑	金佩雯
责任校对	高士吟
封面设计	程　晨
出版发行	浙江大学出版社
	（杭州市天目山路 148 号　邮政编码 310007）
	（网址：http://www.zjupress.com）
排　版	杭州中大图文设计有限公司
印　刷	浙江海虹彩色印务有限公司
开　本	710mm×1000mm　1/16
印　张	6.75
字　数	97 千
版 印 次	2018 年 12 月第 1 版　2018 年 12 月第 1 次印刷
书　号	ISBN 978-7-308-18871-5
定　价	68.00 元

版权所有　翻印必究　印装差错　负责调换

浙江大学出版社市场运营中心联系方式（0571）88925591;http://zjdxcbs.tmall.com